AF453805

# ESSAI

SUR L'ÉTABLISSEMENT ET LA SURVEILLANCE,

DES

## FABRIQUES DE SOUDE FACTICE.

# ESSAI

## SUR

## L'ÉTABLISSEMENT ET LA SURVEILLANCE

### DES

## Fabriques de Soude Factice;

PAR

## C.-F.-de-Saint-Genis,

CONTRÔLEUR DES DOUANES.

Tout le monde ne peut pas tout savoir; mais il est très possible et très désirable que l'on n'ait en général d'idées fausses sur rien, particulièrement sur les choses qu'on est intéressé à bien connaître. ( SAY, *Economie politique.* )

**PARIS.**

CHEZ FANTIN, LIBRAIRE, RUE MAZARINE, N° 19.

**MARSEILLE.**

CHEZ ALLÈGRE FILS, SUR LE PORT.

## 1829.

# Marseille.

MARIUS OLIVE, IMP. DE Mgr. L'ÉVÊQUE, DES HOPITAUX, DE LA CHAMBRE
DE COMMERCE ET DE L'INTENDANCE SANITAIRE.

# AVANT-PROPOS.

*Chez tous les peuples de nouveaux besoins, de nouvelles habitudes, donnèrent naissance à de nouvelles branches de commerce et d'industrie : mais nulle part le génie de l'invention et l'esprit des découvertes n'ont pris un essor aussi grand et aussi inattendu qu'en France depuis trente ans.*

*Des ateliers et des manufactures se sont élevés sur tous les points du Royaume; des objets dont la fabrication était concentrée entre les mains de nos voisins se sont naturalisés chez nous; et bientôt nos produits ont égalé et même surpassé ceux des nations qui les inventèrent.*

*Quelles furent les causes premières de ce généreux élan des esprits? La nécessité, et ensuite l'instruction plus généralement répandue dans toutes les classes de la société. C'est une vérité désormais sentie et reconnue par tous les hommes éclairés, par tous les amis de la prospérité de leur pays. Pourquoi l'Angleterre s'est-elle, jusqu'à* ce jour, placée à la tête des nations par la richesse et la prospérité de ses manufactures? Elle le doit à l'instruction répandue dans les classes laborieuses. C'est ainsi que les progrès que la France a faits en ce genre, expliquent les succès toujours croissans de son industrie. Ces succès deviendront plus grands d'année en année; ils seront incalculables, lorsque l'instruction aura passé du peuple des villes à celui des campagnes, du cabinet de l'administrateur au bureau du simple commis, du laboratoire du savant à l'atelier de l'industriel; lorsque, à la richesse du sol, à l'esprit de ses habitans, la France unira cette instruction généreuse qui double l'une en développant l'autre.

Parmi les divers genres d'industrie qui se sont successivement élevés en France, nul, peut-être, n'a en peu de temps pris d'aussi grands accroissemens que la fabrication de la soude factice. Dans le seul département des Bouches-du-Rhône, on en compte dix-huit établissemens, qui fournissent annuellement au commerce pour une valeur de près de six millions en matières propres à remplacer avantageusement les soudes que l'on importait autrefois de la Péninsule espagnole. Dans d'autres parties de la France, l'art d'extraire l'alcali du sel marin, a fait également de si grands progrès et pris une telle extension, que les fabriques de soude pourraient suffire à une consommation décuple de celle de nos manufactures. La protection du Gouvernement et l'exemption de l'impôt du sel, les met généralement à peine en état de soutenir avec avantage les bénéfices de cette industrie.

Désigné par l'administration des douanes pour surveiller une de ces fabriques, j'ai pu en suivre les opérations les plus intimes, et me convaincre de toute l'importance d'une production qui a enrichi le Royaume plus que ne l'auraient fait vingt traités, mais qui est du nombre de celles qui n'ont pas moins besoin des lumières de la science que de l'appui des lois.

A une époque où le manque de débouchés et l'extrême modicité des prix de vente semblent compromettre l'existence de plus d'une fabrique de soude, et paraissent contradictoires avec l'empressement de certains capitalistes à fonder de nouveaux établissemens, j'ai pensé que quelques éclaircissemens sur le mode général de fabrication de la soude et sur les moyens les plus efficaces d'assurer la surveillance prescrite par le Gouvernement, pourraient offrir de l'intérêt et dissiper la prévention à laquelle ont pu donner naissance la découverte de quelques abus, et la rapide fortune d'un petit nombre de fabricans.

J'ai soumis le résultat de mes recherches et

de mes observations à M. le marquis de Vaulchier, directeur général des douanes, qui a bien
voulu en approuver la publication par sa lettre
du 2 décembre 1828, insérée textuellement à la
fin de cette préface.

Le sujet que je traite se présente naturellement divisé en deux parties : la FABRICATION et
la SURVEILLANCE.

La première partie formera trois chapitres,
savoir :

L'établissement d'une fabrique de soude,
L'approvisionnement des matières premières,
L'emploi de ces matières, ou la fabrication
proprement dite.

La deuxième partie, subdivisée en quatre chapitres, comprendra

Les dispositions législatives,
La vérification des produits fabriqués,
La tenue des écritures,
Les moyens de fraude.

Tel est l'aperçu de ce faible écrit, que j'ai fait
précéder d'une légère notice sur les soudes naturelles et de l'historique des soudes factices.

Je le répète, il me resterait beaucoup de choses à dire ; mais je reconnais l'insuffisance de
mes forces, car le talent n'est pas toujours égal

au zèle : du moins si mon Essai n'atteint pas le mérite des autres ouvrages en ce genre, aurai-je contribué, autant qu'il a été en moi, à l'instruction générale, et préparé peut-être le perfectionnement d'une industrie dont l'abus serait aussi nuisible aux intérêts du trésor, que son véritable développement est utile à la prospérité du Royaume.

ADMINISTRATION

DES

# Douanes.

—

2me DIVISION.

—

**SELS.**

—

N° 19.

Paris, le 2 Décembre 1828.

MON prédécesseur, M. le baron de Villeneuve, m'a remis, Monsieur, l'ouvrage manuscrit que vous lui avez adressé sous le titre de *Manuel du Contrôleur aux Soudes* (*).

Je l'ai fait examiner avec soin à la division des sels, d'après l'intention que vous avez manifestée de le faire imprimer. C'est un ouvrage intéressant, instructif, et qui peut être utile aux préposés des douanes chargés de la surveillance des fabriques de soude, comme aux fabricans eux-mêmes.

J'aime à voir, etc.

J'ai l'honneur de vous saluer,

*Le Conseiller-d'État , Directeur général des Douanes ,*

Signé : Marq. DE VAULCHIER.

A M. FLOUR-DE-S<sup>t</sup>-GENIS, *Contrôleur aux Soudes, à Berre, Direction de Marseille.*

---

(*) J'avais effectivement adressé à M. le Directeur général des Douanes mon manuscrit avec le titre *de Manuel du Contrôleur aux Soudes*; mais la réflexion m'a fait adopter depuis celui bien plus exact *d'Essai sur l'Établissement et la Surveillance des Fabriques de Soude.*

# INTRODUCTION.

## Des Soudes en général.

Le protoxyde de sodium, corps brûlé métallique de la deuxième section, forme, par sa combinaison avec l'acide carbonique, un sel alcalin appelé autrefois *alcali fixe minéral*, et connu aujourd'hui sous le nom de *sous-carbonate de soude*.

Ce sel, indécomposable par la chaleur la plus forte, à moins qu'il ne soit humide, est âcre, légèrement caustique, très soluble dans l'eau, plus à chaud qu'à froid; il cristallise par le refroidissement sous forme de prismes rhomboïdaux; il éprouve la fusion aqueuse à une basse température, et la fusion ignée un peu au-dessus de la chaleur rouge.

Le sous-carbonate de soude n'existe pas isolé dans la nature; Kennedy et Klaproth l'ont rencontré dans quelques basaltes et dans le chrysolithe du Groënland; mais on le trouve plus généralement combiné dans la plupart des plantes qui croissent sur les côtes de France, d'Espagne et de Sicile, et en dissolution dans les eaux de certains lacs. Ce dernier est mêlé avec plus ou moins d'hydrochlorate et de sulfate de soude, et porte dans le commerce le nom de *natron*. L'autre s'appelle *soude*, proprement dite, et offre plusieurs variétés, suivant la nature des plantes qui le contiennent et les lieux d'extraction. Cet alcali n'a été distingué de la potasse que dans le milieu du xviii$^{me}$ siècle; cependant il était connu dès le ix$^{me}$. L'arabe Géber l'avait indiqué dès-lors, mais on le confondait avec la potasse : c'est à Pott, à Margraff et à Duhamel qu'on doit la distinction de ces deux substances.

Enfin, depuis quelques années on obtient en grand le sous-carbonate de soude par des procédés chimiques, reposant sur la décomposition du sel marin par l'acide sulfurique, et sa combinaison avec la craie et le charbon.

Dès-lors, les soudes ont dû être divisées en deux grandes classes : ainsi, l'on appelle *soudes naturelles*, celles que l'on obtient directement soit par l'évaporation des lacs, soit par l'incinération des plantes marines ; et *soudes artificielles* ou *factices*, celles qui sont un produit de l'art.

Avant d'entrer dans les détails de la fabrication qui nous occupe, jettons un coup-d'œil sur les soudes naturelles dont l'emploi, autrefois universellement répandu, est encore un peu usité aujourd'hui.

# Soudes Naturelles.

## § I.

## Extraction de la Soude des plantes marines.

Le procédé le plus régulier pour obtenir cette soude, consiste à couper les plantes qui la renferment, les faire sécher à l'air et les brûler ensuite dans des fosses, dont la profondeur est d'un mètre sur un mètre trois centimètres de largeur. Cette combustion se fait en plein air sur un sol bien sec, et dure plusieurs jours. On l'alimente par de nouvelles quantités de plantes; et quand le volume, suffisamment augmenté, ne donne plus de flamme, on a soin de remuer avec rapidité toute la masse, par le moyen de gros bâtons, pour faciliter la fusion de la partie alcaline qui, s'agglutinant avec les résidus, forme, en se refroidissant, au lieu de cendres comme le bois, une masse saline, dure et compacte, à demi fondue, que l'on concasse et que l'on verse dans le commerce, sous le nom de *soude* du pays où elle a été fabriquée, ou de la plante qui la fournie.

Ainsi confectionnée, cette soude, dit M. Thénard, est composée, en proportions diverses, de sous-carbonate et de sulfate de soude, de sulfure de sodium, de sel marin, de sous-carbonate de chaux, d'alumine, de silice, d'oxyde de fer et de charbon échappé à l'incinération.

Celles des soudes naturelles qui renferment une plus grande quantité de sous-carbonate de soude, prennent le nom de soudes douces ou alcalines; les autres s'appellent généralement *bourdes*. M. Chaptal, qui s'est occupé de l'examen des plantes qui contiennent le plus d'alcali, établit les proportions suivantes entre les quatre grandes variétés de soudes naturelles répandues dans le commerce :

Soudes d'Espagne (*Barilles*) de 25 à 33 p. %
Salicor.................... de 14 à 16 quelquefois 20 p. %
Blanquette................ de  3 à 8
Vareck ................... de 1/2 à 1

### 1° SOUDES D'ESPAGNE. —(*BARILLES.*)

Ce sont les plus estimées de toutes : elles prennent le nom de soude de Carthagène, d'Alicante ou de Malaga, selon les lieux de production. On extrait ces soudes de plusieurs plantes, mais particulièrement de la barille, que l'on cultive avec soin dans plusieurs provinces d'Espagne et qui est la plus riche en alcali.

Les barilles qui croissent trop au bord de la mer sont généralement chargées d'une certaine

quantité de sel marin : celles, au contraire, qui
en sont trop éloignées, contiennent du sous-carbonate de potasse. Les meilleures sont donc les
barilles qui tiennent un milieu, comme celles
que l'on récolte à Alicante, et qui ne renferment que de l'alcali.

On reconnaît la soude d'Alicante aux caractères suivans : compacte, couleur extérieure
ardoisée; cassure gris de plomb bien pronon-
cé; grain généralement fin; elle est parsemée
de petits trous, selon qu'elle est plus ou moins
riche ; et l'on remarque dans son intérieur,
comme dans toutes les soudes, des parties char-
bonneuses qui ont échappé à la combustion.

### 2° **SOUDE DE NARBONNE.** — (*SALICOR.*)

Cette soude provient de l'incinération du sa-
licornia, que l'on cultive sous le nom de *salicor* aux environs de Narbonne et d'Agde. Cette
plante est semée et récoltée dans la même année
après l'époque de la fructification. La soude,
dite *salicor*, présente les mêmes caractères extérieurs que la barille; seulement son manteau
est un peu plus noirâtre, et sa cassure d'un
gris plus foncé.

Depuis l'adoption des soudes factices, la culture du salicor est presque totalement abandonnée, et l'on voit sur les bords de la Méditerranée de vastes terrains qui sont maintenant incultes.

### 3° **SOUDE D'AIGUES-MORTES.** — *(BLANQUETTE.)*

La blanquette s'extrait, entre Frontignan (Hérault) et Aigues-Mortes, de toutes les plantes salées qui croissent naturellement au bord de la mer et des étangs. Ces plantes, classées d'après leurs qualités respectives d'alcali, sont :

> Le salicornia europea,
> Le salsola kali,
> Le salsola tragas,
> L'artiplex portulacoïdes,
> Le statice limoniun,
> Le tamarin, etc.

On les coupe toutes à la fin de l'été; on les fait sécher, et on les brûle.

### 4° **SOUDE DE NORMANDIE.** — *(VARECK.)*

Le vareck s'obtient des fucus qui croissent abondamment sur les côtes de l'Océan. On se procure cette espèce d'algue, soit en l'arrachant aux marées basses, soit en ramassant celle que les flots laissent en grande quantité sur les rochers et sur la plage. C'est la moins riche de toutes les plantes à soude; elle contient à peine de l'alcali, et renferme, au contraire, beaucoup de sulfate de soude et de potasse, de sulfure de sodium et de potassium, et enfin une faible quantité d'iodure de potassium. En 1811, M. Courtois étant parvenu à constater la présence de l'iode dans les eaux-mères des vareck, on a réussi à isoler ce principe, en traitant les eaux par l'acide sulfurique, et la fabrication de la soude de vareck en est devenue plus intéressante.

Les deux dernières espèces de soudes que nous venons d'examiner, prennent le nom générique de *bourdes;* outre la distinction qu'on doit en faire des premières, d'après leur faible proportion de sous-carbonate de soude, elles diffèrent encore des barilles et des salicor, en ce que les plantes qui les produisent sont vivaces, croissent naturellement et n'exigent aucune culture. Les bourdes, légèrement humectées, ont une odeur fortement épathique ordinairement très désagréable, et qui les fait aisément distinguer des soudes alcalines.

## § II.

### Soudes provenant de l'évaporation des lacs.

#### NATRON.

Le natron nous vient principalement d'Egypte, par la voie de Marseille. Deux des lacs où on le retire sont situés dans le désert de Thaïat ou de Saint-Macaire, à l'ouest du Delta; ils ont 3 à 4 lieues de long sur ¼ de large; en hiver, une eau d'un rouge violet transsude à travers leur fond, et s'élève jusqu'à près de deux mètres; mais au retour des chaleurs, cette eau s'évapore complétement et laisse une forte couche de sel et de natron que l'on détache avec des barres de fer.

Le natron d'un même lac varie suivant qu'il provient de sa circonférence ou du centre; celui qui se forme où la profondeur est la plus grande, le centre ordinairement, est beaucoup plus chargé de sel marin que celui dont les couches vont en s'amincissant à mesure qu'elles s'approchent du bord.

Voici l'explication qu'on peut donner de cette particularité :

Il est reconnu que partout où le sel marin et la craie ( sous-carbonate de chaux ) se trouvent mêlés, il se forme des efflorescences de sous-carbonate de soude.

Or, ici le sel marin étant entraîné par l'eau qui le tient en dissolution, et cette eau transsudant à travers des masses de carbonate calcaire, il en résulte qu'une partie se trouve décomposée, et que la masse aqueuse formant le lac, devient un mélange de sel marin et de sous-carbonate de soude. Ces sels restant en stagnation, pendant plus ou moins de temps, doivent naturellement prendre l'équilibre de leur pesanteur spécifique : à mesure que l'évaporation s'effectue et augmente, ils se déposent, se précipitent, et le sel marin, dont la pesanteur spécifique est plus grande que celle du sous-carbonate de soude, et qui d'ailleurs est moins soluble que celui-ci, se dépose le premier, et cristallise au milieu du lac : de sorte que les dépôts formés par les couches d'eau supérieures sont presque entièrement de sous-carbonate de soude.

En Hongrie, dans le comté de Bihar, on retire aussi une espèce de natron de plusieurs lacs situés entre Debretzin et Gros-Wardin; ces lacs sont appelés *lacs blancs*, parce que pendant l'été, l'eau venant à s'évaporer, couvre le sable qui forme leur fond d'une efflorescence blanche qui n'est autre chose que du natron.

Tel qu'on l'extrait des lacs, le natron est très propre à la fabrication des savons; il est composé, suivant Klaproth, de

39 parties acide carbonique,  
38   id.   soude,  
23   id.   eau.  
———  
100

Le natron est assujetti, à son entrée en France, à un droit de douane de 6 fr. 50 c. les 100 k. par navires français, et de 7 fr. par navires étrangers et par terre. Les autres soudes naturelles doivent sans distinction d'espèce

11 fr. 50 c.

ou 12      60      suivant le mode d'importation.

## SOUDES FACTICES.

### HISTORIQUE.

Un des premiers effets de la guerre générale où était entraînée la France en 1793, fut la cessation subite de son commerce. Cernée de toutes parts, elle vit dans un instant tous ses rapports anéantis : tout était à faire, et tout manquait à la fois.

Parmi les objets dont la privation était la plus sensible, se trouvait la soude dont l'usage est le plus nécessaire et le plus répandu après les premiers besoins de la vie : ce sel est en effet la base de la verrerie et de la fabrication des savons; la buanderie et le blanchissage ne peuvent s'en passer; enfin, la teinture et plusieurs autres arts s'en servent également. On ne saurait le suppléer que par la potasse qui, d'ailleurs, nous vient en grande partie de l'étranger, celle qui est fabriquée en France ne pouvant suffire aux besoins des salpêtrières.

Mais c'est des obstacles mêmes que sortirent nos plus grandes ressources. Une forte impulsion fut donnée aux hommes et aux choses, aux talens et aux arts.

Réduite à son industrie, la France eut recours à la chimie pour secouer un joug onéreux, et se procurer enfin, sans le secours de ses voisins, les produits dont elle était depuis si long-temps leur tributaire.

Carny, Guyton, Chaptal, Ribaucourt, Alban, etc., proposèrent successivement plusieurs moyens de fabriquer la soude; mais après quelques essais également infructueux, on s'arrêta au procédé indiqué dès le commencement de la guerre par Leblanc qui, de même que beaucoup d'inventeurs auxquels on doit des découvertes utiles, eut à peine le temps d'entrevoir les immenses bienfaits de celle dont il avait enrichi sa patrie, et n'en profita lui-même en aucune manière.

Ce procédé, qui fut bientôt répandu dans

tous les ateliers, consistait à chauffer fortement, dans un four à réverbère, un mélange de sulfate de soude, de charbon et de craie, formé dans les proportions suivantes :

Sulfate de soude............ 1000 livres.
Craie de Meudon, lavée...... 1000
Charbon en poudre.......... 550

La craie, employée pour s'emparer de l'acide sulfurique après la décomposition du sulfate, présentait, sur les autres intermèdes indiqués, l'avantage de produire de la soude presque semblable, en apparence, à celle des plantes marines, et propre à être utilisée de suite sans lessivage à la verrerie commune, à la buanderie et à la fabrication du savon.

En 1808, époque où la soude était excessivement chère, MM. Darcet fils et Anfrye en entreprirent la fabrication beaucoup plus en grand qu'on ne l'avait fait jusqu'alors. Les premiers produits ayant été envoyés à Marseille, y furent enlevés avec avidité, et bientôt même ils devinrent insuffisans pour la consommation et les besoins de cette ville.

Les bénéfices énormes que procurait cette fabrication séduisirent une foule de capitalistes, et l'on vit insensiblement s'élever à Paris, Rouen, Marseille et Montpellier, un si grand nombre d'établissemens de ce genre, que la valeur de la soude baissa dans une progression rapide, et tomba enfin au prix où on la voit aujourd'hui.

Cependant ce résultat ne s'est obtenu que lentement. Dans son enfance, la fabrication de la soude factice présentait de grandes difficultés, non dans la confection de la soude elle-même, mais dans les moyens de se procurer plus abondamment et à moins de frais le sulfate de soude qui lui était nécessaire.

Un grand nombre de procédés successivement indiqués furent aussi successivement abandonnés. Néanmoins M. Payen, dans son établissement de sel ammoniac, au moyen de la distillation des matières animales, tirait un parti très avantageux du sulfate de soude qu'il obtenait de la décomposition du sel marin par le sulfate d'ammoniac. Les eaux salées de Dieuze

( Meurthe ) offraient aussi à un manufacturier, M. Carny, une ressource pour se procurer le sulfate de soude qui est abondant dans ce pays.

Mais tous ces moyens étaient insuffisans : après de longues recherches, après des essais multipliés, et grâce à l'encouragement donné par le Gouvernement, l'on découvrit et l'on adopta la décomposition par l'acide sulfurique de l'hydro-chlorate de soude ( sel marin ) que l'administration des douanes fut autorisée à accorder, en franchise de tous droits, par le décret du 13 octobre 1809.

La décomposition du sel, qui ne tarda pas à s'opérer en grand, s'effectuait d'abord dans des bassins en plomb appelés *bastringles*. Ce moyen difficile et dangereux pour les ouvriers obligés de respirer continuellement les vapeurs de l'acide hydrochlorique qui s'exhalait dans les ateliers, ne fut cependant pas abandonné; mais on chercha à le perfectionner, et l'on adopta universellement les fours à réverbère dans lesquels la décomposition du sel marin s'achève sans difficultés et sans danger. Ce nouveau mode pour la confection du sulfate de soude donna naissance à la construction des chambres de plomb. Par là, l'acide sulfurique, si nécessaire aux arts, devint plus abondant; les prix en baissèrent, et cette abondance d'une matière première aussi précieuse enrichit la France de plusieurs genres de fabrication, tels que l'alun, la couperose ( sulfate de cuivre ), les sulfates de fer, divers acides, etc., pour lesquels nous étions également tributaires de l'étranger.

Marseille, si privilégiée par sa position commerciale, son industrie et son immense consommation des produits de cette nouvelle fabrication, fut une des premières à s'emparer de ces diverses découvertes, et le perfectionnement qu'elle y a introduit, ainsi que l'exiguité de ses prix, lui permettent de concourir, avec le plus grand avantage, avec les manufactures des pays étrangers et même celles de plusieurs contrées de la France, qui la plupart ont abandonné la lice.

Aujourd'hui la fabrication de la soude factice repose donc uniquement sur deux points essentiels.

1° La décomposition du sel marin par l'acide sulfurique concentré à 50 degrés.

2° La décomposition et la combinaison du sulfate de soude, résultat de la première opération, avec du charbon en poudre et un carbonate calcaire pulvérisé.

Mais un établissement complet doit aussi embrasser la fabrication de l'acide sulfurique, et la réduction de la soude en sous-carbonate de soude ou sel de soude du commerce.

Je développerai dans leur ordre naturel ces quatre opérations, me bornant toutefois à indiquer les procédés les plus généralement suivis, parce qu'il est bien reconnu que les changemens ou améliorations que la théorie croit applicables à telle fabrication, ne conviennent pas à telle autre. C'est à ceux qui opèrent par eux-mêmes à faire usage des découvertes chimiques qui surviennent, et à s'apercevoir des innovations que peut supporter avec avantage la nature des diverses matières qu'ils ont à employer; à combiner leur prix, ainsi que la convenance des lieux de production des matières premières et de débouché des produits fabriqués. Enfin, c'est à eux qu'il appartient de calculer tous les résultats, et de maîtriser l'imprévoyance routinière des ouvriers toujours prêts à éluder les difficultés que semble faire naître le moindre changement dans leurs idées et leurs habitudes.

# ESSAI

SUR L'ÉTABLISSEMENT ET LA SURVEILLANCE

DES

## Fabriques de Soude Factice.

---

## Première Partie.

---

### FABRICATION.

---

# CHAPITRE PREMIER.

### Établissement d'une Fabrique.

---

## § I.

### SITUATION.

Pour établir une fabrique de soude factice, il faut faire choix d'un emplacement qui réunisse, autant que possible, les quatre conditions suivantes :

1° Proximité des lieux de production du sel, d'où il résulte économie dans le transport et diminution de frais de douanes ;

2° Situation sur un étang, un canal, un port ou une grande route qui accélère l'exploitation de l'établissement;

3° Communication directe avec une source ou une rivière, les mines de charbon de terre et les carrières de sous-carbonate de chaux ;

4° Voisinage d'une place de commerce où l'on trouve un approvisionnement facile des matières exotiques (soufre et salpêtre), ainsi qu'un débouché constant et sûr des produits fabriqués.

Ces dispositions prises, les qualités et avantages du terrain étant reconnus, on procède à la construction des bâtimens et au choix des ouvriers.

Les plus grands établissemens n'étant que le développement instantané ou successif des mêmes proportions, prenons pour base une fabrique de la plus simple dimension, c'est-à-dire, devant fournir cent quintaux de soude en 24 heures, et examinons, le plus succinctement possible, chacun des élémens qui doivent concourir à sa formation et à son existence.

## § II.

### CHAMBRE DE PLOMB.

Une chambre de plomb, destinée à la fabrication de l'acide sulfurique, se compose d'une immense caisse en lames de plomb d'une ligne d'épaisseur à la base et d'une demi-ligne sur les autres faces, fixées à une charpente extérieure, qui a la forme de la chambre, par des agraffes ou bandes de plomb soudées d'une part aux parois de la chambre et clouées de l'autre aux poutres de la charpente. ( *Figure* 1<sup>re</sup> )

Les chambres de plomb varient en grandeur depuis 10 mille jusqu'à 80 mille pieds cubes de capacité; mais quelles que soient les dimensions que l'on adopte pour une chambre, il faut avoir soin de l'isoler de telle manière qu'on puisse en visiter tous les côtés, toutes les parties, pour être à même de boucher les trous qui s'y formeraient, soit par accident, soit par le vice des soudures.

A cet effet on établit la chambre sur un parallélipipède rectangle en maçonnerie à environ 8 ou 10 pieds du terrain, en ayant soin d'en incliner légèrement le sol pour pouvoir retirer facilement l'acide qui sort par un tuyau à robinet.

Le dessous de la chambre est muni d'un fourneau ou de deux, suivant ses dimensions, dans lesquels s'opère la combustion du soufre et du salpêtre, et qui communiquent à la chambre par sa base, au moyen d'une cheminée qui depasse le sol de la chambre de deux pieds et qui est recouverte à son extrémité d'un chapiteau en plomb.

Autrefois on employait la construction suivante, conservée encore dans quelques établissemens :

Près d'un des côtés de la chambre et à quelques décimètres du fond, on dispose horizontalement une plaque en fonte munie d'un rebord sur un fourneau qui, partant du sol, traverse le fond de la chambre, et dont la cheminée n'a aucune communication avec celle-ci. C'est sur cette plaque que l'on place le mélange de nitre et de soufre, qui est introduit par une trappe faisant partie de la paroi latérale de la chambre et s'appuyant sur la plaque elle-même. Le mélange ainsi placé, la chambre fermée, et son sol couvert d'eau à la hauteur de quelques pouces, on fait feu peu à peu dans le fourneau ; bientot le soufre s'enflamme et donne lieu à divers produits dont le résultat est l'acide sulfurique.

Tantôt la combustion s'opère seulement par la décompositon du salpêtre que l'on enflamme au moyen d'une pince en fer fortement rougie au feu ; alors la plaque du fourneau est supprimée, la chambre est exactement fermée et l'eau y est introduite au moyen d'un ou deux appareils désignés sous le nom de *bouillotes*.

Ce procédé est le meilleur et le plus généralement suivi. Les bouillotes sont, comme les fourneaux, établies au-dessous de la chambre avec laquelle elles communiquent par un tuyau en plomb de deux pouces de diamètre environ.

Ainsi que dans le premier genre de construction, qui est appellé à courant d'air, les chambres sont munies de huit et plus ordinairement de quatre portes évaporatoires fermées par des trappes verticales qu'on fait mouvoir au moyen de treuils.

Enfin, on pratique généralement à la partie supérieure de la chambre et du côté opposé à celui où sont les fourneaux, un tuyau en plomb de 4 pouces de diamètre et d'une hauteur plus ou moins grande, selon que la chambre est à courant d'air ou à la rouennaise : ce tuyau est, dans le premier cas, destiné principalement à verser dans l'atmosphère les gaz superflus, et pour toute espèce de construction, il sert à soulager la chambre quand la combustion du soufre est bien déterminée.

Une chambre de plomb dans laquelle l'eau est introduite à l'état de vapeurs, consume, dans une opération de 12 heures au plus, 115 livres de soufre par chaque 10, 000 pieds cubes de capacité; et le soufre rend ordinairement 4 et même 4 $\frac{1}{2}$ pour un.

Or, les dimensions suivantes :

Longueur.... 100 pieds,
Largeur...... 35,
Hauteur .... 20,

présentant une capacité totale de 70 mille pieds cubes, exigeront l'emploi de 16 quintaux de soufre par 24 heures ( 8 quintaux par opération ) et donneront un produit de 64 à 66 quintaux d'acide sulfurique à 50 degrés, quantité suffisante à la confection de 100 quintaux de soude du commerce, c'est-à-dire, à 33 degrés au moins.

Une chambre de plomb de cette dimension est donc celle que l'on devra adopter dans l'établissement qui nous occupe.

## § III.

### ATELIER A SULFATE ET A SOUDÉ.

Pour fabriquer cent quintaux de soude en 24 heures et le sulfate nécessaire, il suffit de deux fours jumeaux, c'est-à-dire, alimentés par le même foyer ; mais dans un établissement bien dirigé, il faut en avoir au moins deux autres pour continuer les travaux quand les premiers exigent des réparations, ce qui arrive ordinairement tous les trois mois.

Chacun de ces fours est de forme elliptique et

à réverbère pour en augmenter le degré de chaleur. Le grand diamètre a généralement 12 pieds pour le four à sulfate et 13 pour celui à soude; le petit diamètre est de 10 et 12 pieds; la hauteur n'excède jamais 21 pouces. Ils sont entièrement bâtis en briques d'une qualité supérieure, excepté la base ou le sol du four à sulfate qui doit être en pierres de grès très dures. Dans les fabriques de la Provence on fait venir cette pierre des environs d'Antibes. Rendue à Marseille, la base d'un four, composée de trois pièces, coûte 200 à 250 fr. Il est utile d'observer que l'alumine étant de tous les oxydes terreux le plus réfractaire, les argiles sont d'autant plus propres à la construction du foyer et des fourneaux qu'elles contiennent plus d'alumine et moins de chaux.

Les deux fours jumeaux et leurs foyers doivent être rangés sur une même ligne dans un atelier d'une longueur proportionnée, et ayant de 22 à 25 pieds de largeur de la bouche des fours au mur opposé. Ces dimensions sont nécessaires pour éviter la confusion et l'encombrement, faciliter les mouvemens des ouvriers, et offrir le moyen de déposer les matières fabriquées, en attendant qu'elles soient mises en magasin. La hauteur doit être de huit mètres, et présenter à la toiture une ouverture pour augmenter la circulation de l'air et donner libre passage aux vapeurs qui peuvent pénétrer dans l'atelier lorsqu'on tire le sulfate. ( *Fig.* 2. )

A l'une des extrémités de l'atelier, il est utile de construire un petit réservoir en pierre revêtu de lames de plomb et destiné à contenir le sel qui, délivré chaque soir pour les travaux de la nuit par les préposés à l'exercice, est, pour prévenir toute soustraction frauduleuse, imprégné d'acide sulfurique dans la proportion de 10 à 12 pour %.

Enfin, il est nécessaire d'établir, à portée de l'atelier, une forge où l'on puisse à chaque instant fabriquer ou réparer les ustensiles employés dans l'établissement.

## § IV.

### USTENSILES.

Voici la note des principaux ustensiles nécessaires à l'exploitation d'une fabrique de soude :

1° Un ringar, grosse barre de fer de 15 pieds de longueur, munie à son extrémité d'une espèce de râteau et servant à pétrir la soude et à la retirer du four. ( *Fig.* 2, *n*° 1. )

2° Une grappe, barre de fer un peu moins grosse et moins longue que la précédente, garnie de deux crocs, et destinée à mélanger la matière après qu'on l'a soulevée avec la pince. (*Fig.* 2, n° 2. )

3° Une pince, barre de fer de la dimension de la grappe avec laquelle on soulève la matière pour l'exposer, dans toutes ses parties, à l'action de la flamme. (*Fig.* 2, n° 3. )

( Ces divers ustensiles doivent être au moins en double pour chaque four ; ils sont également nécessaires dans la fabrication du sulfate, pour laquelle néanmoins ils peuvent être moins forts et moins longs. )

4° Un moule en tôle forte, monté sur roulettes, où l'on verse la soude quand elle est entièrement confectionnée. ( *Fig.* 3 , n° 4. )

5° Des crocs en fer pour tirer le moule. (n° 5. )

6° Une pipe en cuivre servant à verser l'acide dans le four à sulfate, en supposant qu'on n'adopte pas la méthode de conduire l'acide sulfurique sur le fourneau par le moyen d'un tuyau en plomb et à robinet.

7° Des cruches en grès, appelées en provençal *pechiers*, pour transvaser l'acide sulfurique dans la pipe ou le réservoir.

8° Une chèvre à peser la soude, le charbon, etc. ; il serait mieux d'avoir une bascule.

9° Une claie en bois pour passer le charbon et la craie. ( *Fig.* 3 , n° 6. )

10° Des pelles en fer emmanchées de bois pour enfourner le sel et le dosage de la soude.

11° Une brouette en tôle montée sur bois, exclusivement destinée au sulfate de soude.

12° Plusieurs brouettes en bois, de formes et de grandeurs différentes, pour le transport des matières premières et de la soude.

13° Un moulin pour triturer la craie et le charbon.

Ce moulin peut être formé d'une meule de 18 à 20 pouces de largeur, sur une diamètre de six pieds, tournante sur son axe et mue par un cheval qui décrit le cercle hors de la machine. A la poutre est fixée une barre de fer, courbée à son extrémité et qui tournant avec la meule et derrière elle, remue et soulève constamment les matières à pulvériser, et évite ainsi l'emploi d'un homme de peine.

14° Des balais pour nettoyer l'atelier et les magasins.

15° Des masses en fer pour rompre les pains de soude quand on les expédie, et briser les grains de sel qui seraient trop durs et trop gros.

16° Enfin tous les instrumens nécessaires dans une forge, à un maçon et à un atelier de menuiserie.

## § V.

### MAGASINS.

Il est, dans une fabrique de soude, indispensable de construire au moins six magasins dont la grandeur doit être proportionnée à l'importance des travaux; ainsi il faut :

1° Un Magasin a Soufre.....
2° Un id. a Salpêtre ... } rapprochés de la chambre de plomb, et pratiqués, s'il est possible, sous le sol même de la chambre.

3° Un id. a Sel......... } placé le plus près que l'on pourra de l'atelier, à cause du besoin fréquent de cette matière.

4° Un id. a Sulfate ordinaire.

5° Un id. a Sulfate riche } ou destiné à la consommation du Royaume.

6° Un id. a Soude....... } Celui-ci occuperait utilement une extrémité de l'atelier.

Les quatre derniers magasins sont prescrits par les divers réglemens administratifs rendus sur la surveillance des fabriques de soude; ils doivent être à trois clés, dont une reste entre les mains du propriétaire de l'établissement, et les autres sont confiées aux employés des douanes chargés de l'exercice de la fabrique.

Il est, en outre, utile de construire un hangard pour le charbon et un entrepôt pour la craie ou les pierres calcaires pulvérisées.

## § VI.

### EMPLOYÉS ET OUVRIERS.

« L'œil du maître fait plus que ses deux bras. »
LAFONTAINE.

Cet axiome est surtout applicable à un établissement dans lequel il n'est pas de petite dépense, où l'ordre le plus exact et l'économie la plus rigoureuse doivent présider à tous les détails.

Il est donc essentiellement nécessaire à la prospérité d'une fabrique de soude de la présence du propriétaire, ou d'un gérant intéressé dans l'entreprise. Sous ses ordres immédiats est placé le chef d'atelier, généralement appelé *contremaître*.

Les fonctions du contre-maître sont de diriger les opérations de la fabrique, livrer les matières à ouvrager aux ouvriers; distribuer le travail, surveiller la fabrication, maintenir la discipline et le bon ordre dans tous les ateliers, usines, ou tout autre endroit de travail.

Il est responsable des fautes qu'il commet, et

du tort qu'il fait éprouver par sa négligence, son imprudence ou son impéritie (*Code civil,* art. 1382, 1383.)

Il ne peut quitter celui qui l'emploie sans l'avoir prévenu un temps d'avance suffisant pour pouvoir être remplacé; il est même obligé de continuer sa gestion encore que celui qui l'emploie vienne à mourir, jusqu'à ce que son héritier ait pu prendre la direction des affaires, et qui lui ait rendu ses comptes. (*Code civil,* art. 1993.)

Le fabricant qui emploie un contre-maître est responsable de tous les torts et dommages causés par son emploi, à moins qu'il ne prouve qu'il n'a pu empêcher le fait qui donne lieu à cette responsabilité. (Idem, art. 1384.)

Il doit lui payer exactement ses appointemens pour lesquels, d'après l'art. 2272 du Code civil, on ne peut lui opposer de prescription qu'après un an, et pour lesquels, en cas de faillite, de décès, ils ont, sur tout le mobilier en général, un privilége pour l'année échue et pour ce qui est dû sur l'année courante. (*Dictionnaire du commerce.* 1825. Paris, p. 228.)

Le choix d'un contre-maître est extrêmement important, car c'est sur lui que reposent la conduite et l'activité des ouvriers; l'économie si précieuse du temps et des matériaux employés;

en un mot, la prospérité de la fabrique toute entière.

Après le contre-maître viennent les ouvriers dont le nombre, dans un établissement tel que celui que nous prenons pour base, doit s'élever au moins à quatorze, savoir :

CHAMBRE DE PLOMB.. 2 Ouvriers, se relevant à chaque opération ;

FOURS A SOUDE...... 2    id.    se remplaçant de 12 en 12 heures ;

FOURS A SULFATE .... 2    id.                idem ;

GARÇONS DE FOURS... 2    id.    travaillant également à tour de rôle. Leurs fonctions sont d'entretenir le foyer, faire les mélanges, sortir le sel du magasin, aider à retirer les cuites du four, verser l'acide sulfurique, nettoyer l'atelier, décrasser les cheminées, etc.

HOMMES DE PEINE..... 6, servant à emmagasiner les produits fabriqués, transporter les matières premières, pulvériser le charbon, faire les expéditions, etc., etc.

Dans cette évaluation ne sont pas compris les ouvriers qu'exige l'entretien d'un atelier de soude dont je donnerai ensuite le détail, ainsi qu'un serrurier, un charpentier et un maçon dont la présence dans l'établissement est presque toujours nécessaire, si l'on veut effectuer les réparations en temps utile.

# § VII.

## CONDENSATEUR.

Le dégagement considérable et continu d'acide hydrochlorique qui se répand dans l'atmosphère, pendant la fabrication du sulfate de soude, présente de grands inconvéniens pour les campagnes environnantes.

L'action éminemment nuisible de ce gaz sur tous les corps organiques (*), principalement sur les végétaux qu'il décompose en s'emparant de leur hydrogène, a fait comprendre les fabriques de soude factice, qui embrassent en même temps la préparation du sulfate de soude, dans la première classe des manufactures et ateliers insalubres, et assujettit leur établissement à certaines formalités déterminées par le décret du 15 octobre 1810, dont voici les principales dis-

---

(*) L'acide hydrochlorique gazeux est incolore ; lorsqu'il est répandu dans l'atmosphère, il s'empare de l'eau qui s'y trouve en dissolution et donne lieu à des fumées blanches : il éteint les corps en combustion. Respiré, il détermine une irritation des membranes muqueuses, et produit quelquefois le crachement de sang ; pris en grande quantité, il peut même occasioner la mort. Les premiers secours à donner, dans le cas d'empoisonnement par cet acide, sont les solutions alcalines légères, le lait de magnésie, les boissons chargées d'alumine et le lait ordinaire.

4

positions confirmées par l'ordonnance royale du 4 janvier 1815.

« L'autorisation des établissemens insalubres de la première classe est donnée par le conseil d'état, sur la demande présentée au préfet, et affichée dans toutes les communes à 5 kilomètres de rayon et après un verbal de visite des lieux, et un rapport de *commodo* et *incommodo* dressé par le maire, dans lequel tous les voisins de l'établissement projeté doivent être entendus.

« Les maires et tous les particuliers sont admis à présenter leurs moyens d'opposition sur lesquels le conseil de préfecture donne son avis.

« Il est du devoir et de l'intérêt de chacun de ne pas négliger de les présenter; une fois la formation permise, celui qui ferait des constructions dans le voisinage, ne serait plus admis à solliciter l'éloignement de la manufacture, ce qui frapperait son terrain d'une servitude bien plus onéreuse que la prohibition d'élever. » ( Cappeau, *Traité de législation rurale et forestière.* )

Les nombreux procès auxquels donnait lieu l'interprétation des dispositions du décret du 15 octobre 1810, et ensuite la décision de Son Excellence le Ministre de l'intérieur, en date du 28 octobre 1824, qui reconnaît la nécessité de la condensation de l'acide muriatique pour toutes les fabriques de soude situées à portée des biens cultivés, ont déterminé la plupart des fabricans à établir des condensateurs dont le système varie d'après la nature des lieux et les propriétés elles-mêmes de l'acide hydrochlorique. On peut diviser les condensateurs en deux classes : 1° ceux dans lesquels l'eau est le principal agent, 2° ceux dans lesquels le calcaire est la matière absorbante.

Les premiers consistent uniquement en un ou plusieurs réservoirs rectangulaires sur le fond desquels s'élèvent des murailles verticales parallèles qui dépassent le niveau des eaux ; les intervalles qui séparent ces murailles en briques sont recouverts de voûtes de même matière ; il en résulte des canaux parallèles dont chacun communique avec le suivant par des ouvertures pratiquées dans les murailles.

Les condensateurs de la seconde classe sont formés d'un canal horizontal ou incliné, qui s'élève au-dessus du sol et se termine ordinairement par une tour comblée de pierres. Ce canal est entièrement composé de calcaire tendre ; l'acide hydrochlorique décompose ce sel, dégage l'acide carbonique et forme de l'hydrochlorate de chaux que quelques fabricans recueillent et préparent pour la fabrication de l'acide tartrique. Mais pour que la pierre calcaire reste toujours à nu et puisse agir sans cesse sur l'acide muriatique, il faut nécessairement dissoudre et enlever continuellement l'hydro-chlorate de chaux, et pour cela il faut faire cir-culer dans le canal un courant d'eau ou un courant de vapeur.

Dans les fabriques où le fourneau à sulfate n'a pas un foyer commun avec celui à soude, on retire directement l'acide muriatique par sa condensation dans l'eau, par le moyen d'un ap-pareil semblable à celui de Wolff (*).

Les usages de l'acide hydrochlorique sont nombreux et importans. Cet acide sert, en effet, à avirer les couleurs, à opérer le blanchissage des tissus de lin, de chanvre et de coton, à nettoyer les vieilles gravures ; à décaper la tôle et la réduire en fer-blanc. On l'emploie aussi à désinfecter les hôpitaux, les amphithéâtres d'anatomie, et tous les lieux où la production de miasmes putrides, le développement de gaz délétères, mettent en danger la vie des hom-mes. Enfin, l'acide muriatique fournit le chlore

---

(*) Dans l'établissement du plan d'Aren, par exemple, après avoir décomposé le sel marin dans des bassins de plomb, revêtus de maçon-nerie et connus sous le nom de *bastringues*, on en recueille l'acide en le faisant traverser des réfrigérans composés de bouteilles de grès superposées les unes sur les autres, de manière à ce que le goulot de l'une entre dans le fond de l'autre ; l'acide les traverse toutes de bas en haut, et se trouve condensé avant d'arriver à la dernière.

qui, étendu d'eau, combat avec succès les affections chroniques des viscères abdominaux, les teignes, les ulcères syphilitiques et toutes les plaies dont le caractère est gangreneux.

Des médecins instruits de la capitale ont annoncé qu'ils étaient sur la voie d'une découverte du plus haut intérêt pour l'humanité, par l'usage du chlore dans les maladies de poitrine. Puisse leur espoir n'être point trompé !

## § VIII.

### LOGEMENS.

Ce paragraphe sera extrêmement court, car on sent qu'il est impossible de déterminer, pour les propriétaires d'une fabrique de soude, un genre d'habitation qui subit l'influence de leur volonté et de leur fortune.

Je me bornerai à faire observer qu'il est utile de loger dans l'établissement tous les ouvriers qui y sont occupés. Leur surveillance en est plus facile ; on connaît plutôt la moralité d'un chacun, et l'on prévient, par cette mesure, une foule de négligences, d'accidens et même d'abus impossibles à réprimer chez des individus forcés de s'éloigner tous les jours de la fabrique.

Quant au logement des employés des douanes, l'obligation en est formelle, aux termes de l'article 5 de l'arrêté de Son Excellence le Ministre des finances en date du 17 juin 1822.

La décision de ce même ministre, du 30 septembre 1827, arrête que ce logement devra être dans l'enceinte même de l'établissement, situé en un lieu convenable et composé d'une cuisine et de deux chambres pour chaque employé, s'ils sont mariés; d'une chambre et une cuisine seulement, s'ils sont garçons.

## § IX.

### ATELIER DE SEL DE SOUDE.

Aux termes de l'article 5 de l'ordonnance royale du 8 juin 1822, la fabrication du sel de soude n'étant pas permise dans la même enceinte que celle où se prépare la soude, j'ai dû renvoyer à la fin de ce chapitre tout ce qui concerne un établissement que peu de fabriques de soude renferment, quoiqu'il soit en quelque sorte le complément de ce genre d'industrie.

L'extraction du sous-carbonate de soude des soudes artificielles consiste uniquement à lessiver à froid les soudes pulvérisées, à faire évaporer ces lessives jusqu'à siccité et à les calciner à une chaleur modérée.

L'on conçoit qu'un procédé aussi simple n'exige pas de grands apprêts, surtout si l'on n'a qu'une faible quantité de soude à lessiver, et si l'on veut user d'économie ; cependant, pour opérer avec régularité et sûreté, un établissement de sel de soude de la plus petite dimension doit contenir :

1° Un magasin destiné à renfermer la soude brute ; au milieu de ce magasin il est utile de placer, comme dans les savonneries, une pierre longue, dure et épaisse appelée *moresque,* et sur laquelle un ouvrier brise la soude avec une grosse masse de fer ;

2° Un second magasin où l'on entrepose le sel de soude confectionné ;

3° Un atelier semblable à ceux de la soude, et assez vaste pour présenter, d'une part, un fourneau à réverbère, de forme elliptique, muni d'un foyer et ayant les mêmes dimensions qu'un four à sulfate :

D'autre part, cinq barquieux ou bugadières construites de bonne briques posées de champ, avec mortier de chaux et de ciment.

Au bas de ces bugadières sont des trous fermés par des robinets en bois ou en cuivre, que l'on tourne pour empêcher l'écoulement quand on le juge à propos. On y substitue même, si l'on veut, un tampon de paille pour que la lessive ne coule que peu à peu lorsqu'on a mis la soude pulvérisée, ainsi que le font les blanchisseuses

quand elles coulent leur lessive. Il est utile d'a-
voir auprès des bugadières un puits qui fournisse
constamment l'eau nécessaire au lessivage.

Sous les barquieux sont pratiquées des espèces
de citernes qui, en provençal, portent le nom de
*recibidous*. Les lessives coulent des barquieux
dans ces réservoirs par le robinet dont nous
avons parlé, et on les en tire au moyen d'un poë-
lon en cuivre appelé *casse*.

Dans quelques petites fabriques on remplace
les bugadières en maçonnerie par des barquieux
en bois, posés sur des trétaux assez hauts, pour
que l'on puisse mettre dessous des vases, jattes
ou terrines pour recevoir la lessive.

Avant d'introduire dans le four à réverbère
la lessive suffisamment graduée, on la met dans
une chaudière en cuivre destinée à la concentrer
davantage et à commencer l'évaporation. Cette
chaudière, placée sur le four, n'est échauffée que
par la chaleur qui émane du foyer. Dans les
grands établissemens, au lieu de la chaudière, on
emploie de vastes plaques en tôle munies d'un
rebord, sous lesquelles on fait du feu, et qui
dessèchent la lessive jusqu'à ce qu'elle forme une
pâte. Le résultat de ce procédé est d'abréger
la durée de l'opération dans le four, et de procurer un sel plus pur et plus blanc.

La lessive introduite dans le fourneau, on en

commence la dessication, ainsi que nous le décrirons en son temps et lieu; dès que le sel est formé et retiré du four, on le reçoit dans une brouette en tôle où il se refroidit, et on le place ensuite dans des barriques que l'on doit tenir soigneusement fermées, à cause de l'extrême efflorescence du sel de soude.

Le service d'un atelier de sel de soude exige la présence de huit ouvriers au moins, distribués ainsi :

1 OUVRIER appelé *piqueur*, dont l'unique occupation est de pulvériser la soude ;

2    id.    pour le service du four, se relevant de 12 en 12 heures ;

2    id.    pour celui des bugadières ;

3 GARÇONS AIDES, servant à entretenir le foyer, transporter la matière, mettre le sel dans les barriques, etc., etc.

# CHAPITRE SECOND.

## Matières premières.

——

Les matières premières qui entrent dans la préparation et la confection de la soude factice sont :

> Le soufre,
> Le salpêtre,
> L'eau,
> Le sel,
> La craie,
> Le charbon de terre ou de bois.

Il est nécessaire d'examiner successivement ces corps avant d'en suivre l'emploi dans la fabrication.

## § I.

### SOUFRE.

Le soufre, dont la découverte remonte à l'antiquité la plus reculée, est classé, par les chimistes modernes, dans la deuxième section des corps simples non métalliques.

Il est solide, jaune citron, insipide, et quoique inodore, un léger frottement le rend sensible aux nerfs olfactifs ; il est très friable, un petit choc suffit pour le briser ; lorsqu'on le serre dans la main ou qu'on l'échauffe un peu, il craque et souvent se rompt : sa cassure est vitreuse et luisante.

Il absorbe l'oxygène à une température élevée ; brûlant avec une flamme légère et bleuâtre, si la combustion est lente, il forme l'acide sulfureux dont l'odeur est pénétrante et insupportable. Si la combustion est rapide, sa flamme est blanche et vive, et il se convertit en acide sulfurique ; mais ce dernier gaz ne se forme qu'autant que ses élémens sont en présence d'un corps pour lequel ils ont de l'affinité, par exemple l'eau ou un oxyde métallique.

Le soufre est très répandu dans la nature ; il y existe à l'état natif et à l'état de combinaison.

A l'état natif, il se présente souvent en masses qui forment des couches dans diverses sortes de terrains, ou en petites parties disséminées dans différentes pierres, quelquefois en cristaux de couleurs variées, rarement en poussière.

C'est sous ces formes qu'on trouve le soufre dans le Brésil et les Cordilières de Quito, en Sicile dans le Val-de-Noti, à Cesenne près Ravenne, à Couilla près Gibraltar ; enfin très abondamment dans les volcans actifs, tels que le Vésuve, l'Etna, Ténériffe, etc., et dans les soufrières de Puzzole, royaume de Naples ; de la Guadeloupe,

de Sainte-Lucie, et de l'Islande dans le voisinage de l'Héda.

Le soufre est encore plus répandu à l'état de
combinaison qu'à l'état natif : il fait partie d'un
grand nombre de sulfates et de sulfures naturels,
tels que le sulfate de chaux ou pierre à plâtre
dont il existe partout des couches très étendues,
et les sulfures de fer et de cuivre que l'on ex-
ploite pour retirer ces métaux, etc. Le soufre se
trouve aussi dans les eaux minérales dites sulfureuses ; plusieurs plantes en renferment des
quantités très sensibles ; enfin il existe même
dans quelques matières animales, et c'est à sa
présence dans les œufs qu'est due la cause par
laquelle les œufs noircissent l'argent et acquiè-
rent en se putréfiant une odeur infecte.

Les usages du soufre sont très importans et
très variés. On en distingue deux sortes dans le
commerce : le soufre vif et le soufre jaune ou
commun ; le premier doit être choisi net, luisant, doux au toucher et très friable.

Le soufre commun est dur, luisant, facile à
fondre. Venise, Marseille, Liége, Amsterdam sont
les villes qui en répandent le plus dans le commerce où il se vend, soit brut, soit raffiné ; il
prend alors diverses dénominations, selon le
mode de sublimation, telles que fleur de soufre,
soufre candi et soufre en canons.

Le soufre brut se subdivise également en trois qualités, suivant son état de pureté. La seconde qualité est préférable pour la fabrication de l'acide sulfurique, et laisse un assez beau résidu; mais l'on peut toutefois faire un mélange très avantageux des trois espèces.

Le soufre brut paye, à son entrée en France, un droit de douane de

( Les 100 kil. ) 1 fr. par navires français,
id.　　2 fr. par navires étrangers et par terre.

## § II.

### SALPÊTRE.

Par sa combinaison avec la potasse ( protoxyde de potassium ) dans la proportion de 100 d'acide à 87—14 de base, l'acide nitrique donne naissance à un sel vulgairement appelé salpêtre ou nitre, et connu en chimie sous le nom de *nitrate de potasse*.

Ce sel est blanc, inodore, d'une saveur fraîche, piquante et légèrement amère; il cristallise en prisme cannelé à six pans. Il est très soluble dans l'au chaude et beaucoup moins dans l'eau froide; il présente, de la manière la plus marquée, la propriété de fuser sur les charbons ardens, et donne, par l'action du feu en vaisseaux clos, un mélange de gaz oxygène, azote et deutoxyde d'azote. C'est cette qualité qui explique son utilité dans la fabrication de l'acide sulfurique, enfin il fait brûler avec force tous les corps solides très combustibles.

Le salpètre se forme naturellement à la surface des murs humides et du sol, dans les lieux habités par l'homme et les animaux ; on le trouve en conséquence dans les plâtras et les débris des vieilles maisons et des étables, ainsi que dans la terre des caves. C'est par l'évaporation des lessives de ces substances qu'on l'obtient pour les besoins du Gouvernement et de l'industrie ; mais cette fabrication exige de nombreux apprêts, beaucoup de préparations, et le salpêtre n'est raffiné qu'après trois ou quatre cuites et autant de lessives. Aussi tire-t-on de l'étranger la plus grande partie du salpêtre qui se consomme en France ; le plus beau vient du royaume de Bahar, dépendant de l'empire du Mogol ; les terres qui le renferment en sont si riches, qu'il suffit de les lessiver et d'en concentrer convenablement la lessive pour obtenir un sel de nitre très pur et très blanc ; on en importe aussi d'Egypte ; il est assujetti à un droit de douane de

72 fr. 50 c. ( de l'Inde ) par navires français.

85 fr. »   ( d'ailleurs )          id.

100 fr. »      par navires étrangers et par terre.

Depuis quelque temps, un grand nombre de négocians sollicitent de nouveau la supression des droits d'entrée sur le salpêtre de l'Inde. Une semblable concession, tout en offrant certains avantages, aurait pour résultat immédiat d'anéantir une industrie nationale qui mérite aussi toute la sollicitude du Gouvernement; et je ne crains pas d'affirmer, dans l'intérêt de l'Etat, que dès l'instant où la fabrication indigène du salpêtre pourra suffire aux besoins de la consommation intérieure, on ne devra pas hésiter à prononcer la prohibition du salpêtre étranger.

On raffine le salpêtre avec plus ou moins d'avantage à Paris, Marseille, Toulouse, Strasbourg, Montpellier, Bordeaux, Avignon, Metz, Nantes, Orléans, Rouen, Abbeville, Carcassone et Besançon.

## § III.

### EAU.

L'eau, considérée dans son état de pureté absolue, est un liquide transparent, incolore, inodore, sipide, élastique, qui possède la propriété de mouiller presque tous les corps et celle de transmettre les sons; elle résulte de la combinaison de 88—89 parties de gaz oxygène et 11—1 de gaz hydrogène. Les propriétés naturelles et chimiques en sont trop connues pour que je croie nécessaire d'entrer dans aucun détail ; je ferai cependant observer que, dans la fabrication de l'acide sulfurique, l'eau devant être employée aussi pure que possible, soit qu'on l'introduise en vapeurs dans la chambre de plomb, soit qu'on l'y verse à l'état liquide, ce corps peut être classé dans l'ordre suivant, d'après les quantités de matières étrangères qu'il tient en dissolution :

EAU de pluie,
 id. de sources,
 id. de rivière,
 id. de puits,
 id. de lacs et d'étangs,
 id. de mer,
 id. minérales.

## § IV.

**SEL MARIN.** — HYDROCHLORATE ET CHLORURE DE SOUDE.

Par sa combinaison avec quelques corps simples non métalliques, l'hydrogène produit des composés qui jouissent des propriétés des acides oxygénés ; de ce nombre est l'acide hydrochlorique qui, combiné à son tour avec l'oxyde de sodium ou la soude, donne naissance à un sel vulgairement appellé *sel marin*.

Ce sel, qui doit être considéré comme un chlorure de soude à l'état solide, et comme un hydrochlorate à l'état liquide, a une saveur franche
qui plaît non-seulement à l'homme, mais à la
plupart des animaux; il est transparent, trans-
lucide, blanc à l'état d'hydrochlorate et souvent coloré à celui de chlorure, ce qui est dû
probablement à la présence des oxydes de fer et
de manganèse. Il est composé de 100 d'acide hydrochlorique et de 86—38 de soude. Il cristallise
en cubes; exposé au feu il décrépite fortement,
et entre ensuite en fusion un peu au-dessus de
la chaleur rouge.

Le sel marin est un des corps les plus répandus dans la nature, où il se présente, comme
nous venons de le dire, tantôt à l'état solide,
tantôt à l'état liquide. La première qualité est
généralement connue sous le nom de sel fossile,
ou plutôt de sel gemme.

Ce sel existe en grande quantité en Pologne,
en Hongrie, en Transilvanie, et dans différentes
partie de la Russie; en Allemagne dans les montagnes du Tyrol; en Angleterre dans le comté de
Chester; en Espagne; à Cardonne dans la Cata-
logne, et à Pozza, près Burgos; en Suisse à Bex,
canton de Vaud; en Asie, en Amérique et surtout en Afrique. Enfin, il existe à Vic, arron-
dissement de Château-Salin, département de la

Meurthe, une mine de sel gemme qui réalise les plus belles espérances.

On extrait le sel fossile soit en morceaux, soit par solution; s'il est assez pur, on le livre au commerce tel qu'on le retire du sein de la terre; s'il est impur, on le fait dissoudre, et on l'amène à l'état cristallin en faisant évaporer sa dissolution.

Le sel marin proprement dit, ou hydrochlorate de soude, existe en solution dans presque toutes les eaux; mais il en est qui en contiennent une si grande quantité, qu'elles sont très salées au goût: telles sont celles de la mer, de certains lacs et de beaucoup de sources.

Le nombre des sources salées est très considérable; d'abord on en trouve partout où l'on connaît des dépôts salifères, et en outre dans un grand nombre d'endroits où ces dépôts n'ont pas encore été observés. La France, l'Italie, la Sicile, nous en offrent des exemples multipliés. Cependant tout porte à croire que les sources salées sont le produit de l'action des eaux souterraines sur les dépots salifères situés à des profondeurs plus ou moins grandes.

La plupart des eaux salées, telles que celles de la mer, ne contiennent que 3 ou 4 p. °/₀ de leur poids; d'autres en renferment la 6ᵐᵉ ou 7ᵐᵉ partie, comme celles de Château-Salin, Montmorat, Dieuze, etc. Quelques-unes enfin en sont presque saturées.

L'art d'extraire le sel des eaux salées varie selon qu'elles sont plus ou moins chargées de matières salines, et en même temps selon la température des lieux où elles se trouvent :

Ainsi, 1° on extrait les liquides qui marquent 2°, 3°, 4°, etc , par l'évaporation spontanée. Par ce procédé on retire le sel qui se trouve en solution dans les eaux de la mer, en exposant celle-ci dans des bassins faits exprès et qui contiennent une petite quantité d'eau présentant une grande surface. En opérant de la sorte l'eau s'évapore, et l'on obtient un résidu salin qu'on met en tas, et qu'on abandonne ensuite à la température de l'atmosphère, qui purifie en partie ce sel en le privant des sels déliquescens qui y étaient mêlés. Tel est le procédé suivi dans les départemens de la Charente-Inférieure, de la Vendée, des Basses-Pyrénées, de l'Aude, de l'Hérault, du Gard, des Bouches-du-Rhône et du Var.

2° A Avranches, dans le département de la Manche, on sature de sel de l'eau de la mer en la mettant en contact avec des sables qui, après avoir été imprégnés de la même eau, sont restés exposés à l'air. Ces sables se sont chargés de sel marin mis à nu par l'évaporation de l'eau qui tenait le sel en solution. On fait évaporer ensuite ces eaux saturées, et elles abandonnent le sel qu'on ramasse.

3° On se sert du froid pour obtenir le sel : on expose l'eau de la mer à une température assez basse pour la faire congeler, et on enlève les glaçons qui sont à peine salés, tandis que les eaux-mères qui ont fourni la glace, contiennent une grande quantité de muriate de soude.

4° A Moustiers, dans la Tarentaise, on concentre l'eau salée à bas degrés, en la faisant tomber d'une grande hauteur sur des branchages ; ces branchages divisent l'eau qui présente une grande surface à l'air et se vaporise promptement. La partie de l'eau qui n'est pas vaporisée pendant la chûte se rassemble dans un bassin situé à la partie la plus basse de l'atelier ; on la prend pour la porter de nouveau au haut du bâtiment, d'où elle retombe encore. On continue ce manége jusqu'à ce que l'eau restante marque 25°. Alors on la fait évaporer dans des chaudières de plomb, et on recueille les cristaux qui se déposent pendant l'évaporation.

5° Les eaux salées marquant de 15 à 25° sont évaporées directement par le moyen du feu, pour en obtenir le sel et le verser dans le commerce.

Quel que soit, au surplus, le moyen employé,

le sel obtenu est rarement pur, il contient toujours quelques sels déliquescens, et particulièrement des hydrochlorates et des sulfates de chaux et de magnésie.

Les usages de l'hydrochlorate de soude sont très nombreux; je m'abstiendrai de les énumérer, ne devant considérer ce sel que dans son emploi dans la fabrication du sulfate de soude, pour laquelle on doit le choisir vieux, très sec, et en aussi petits grains que possible, car plus il est friable et mieux il se décompose dans les fourneaux, où il présente plus de prise au feu et à l'acide sulfurique.

## § V.

**CRAIE.** — PIERRES CALCAIRES.

On appelle du nom générique de *carbonates* les sels qui résultent de la combinaison de l'acide carbonique avec une base quelconque; lorsque ces sels sont avec excès de base, on les nomme *sous-carbonates*.

Le sel qui nous occupe est un sous-carbonate; il provient de la combinaison de l'acide carbonique avec un excès de chaux ou protoxyde de calcium.

Le sous-carbonate de chaux est très répandu dans la nature; c'est lui qui, seul ou mêlé à quelques substances étrangères, constitue les marbres, la craie, le calcaire compacte, l'albâtre, etc. Il entre dans la composition de presque toutes les terres cultivées, et pour une très grande partie dans celle des coquilles et des madrépores. On le trouve dans tous les terrains : dans les uns il forme des couches puissantes intercalées au milieu de diverses roches ; dans les autres il compose des montagnes, des chaînes entières de collines, ou des dépôts qui occupent de très grands espaces.

C'est dans les terrains secondaires que se trouvent des dépôts d'un calcaire compacte très usité dans la fabrication de la soude. La cassure en est terne, la masse remplie de débris de coquillages, et la couleur ordinairement blanchâtre ou jaunâtre.

La craie, qui est souvent plus ou moins mélangée de sable quartzeux, termine, en beaucoup d'endroits, les terrains secondaires ; elle est alors recouverte par des dépôts qui entrent dans la division des terrains tertiaires, et où le sous-carbonate de chaux forme lui-même des masses grossières mélangées de sable, et renfermant des coquilles qui se rapprochent de celles qui vivent aujourd'hui.

Le sous-carbonate de chaux est quelquefois coloré ; ses teintes, très diversifiées, sont toujours dures à des substances étrangères, telles que l'oxyde de fer, l'oxyde de manganèse et le bitume. Ses usages sont nombreux : on en extrait la chaux et l'acide carbonique; on l'emploie comme pierre à bâtir, et l'on s'en sert à l'état de marbre, d'albâtre, etc. Enfin, à l'état de craie, il entre dans la composition de la soude, où son action est d'absorber l'acide sulfurique.

Les pierres calcaires, ou calcaires compactes jouissant des mêmes propriétés chimiques que la craie, sont, dans certaines localités, employées avec avantage en raison de l'augmentation qu'elles donnent à la pesanteur spécifique de la soude.

## § VI.

### HOUILLE ET CHARBON DE BOIS.

Tout le monde, dit M. Thénard, sait que les végétaux et les animaux, soustraits à l'influence de la vie, laissent dégager de leur sein des matières souvent dangereuses à respirer et d'une odeur désagréable; qu'ils perdent leurs formes et finissent même par se consumer et disparaître entièrement : c'est cette sorte de décomposition, dont ne sont pas susceptibles les minéraux, qu'on appelle putréfaction. Les plantes, dont le tissu est toujours lâche, l'éprouvent bien plus promptement que celles dont le tissu est serré, et les animaux en sont bien plus vite atteints que les plantes elles-mêmes. Aucuns ne l'éprouvent toutefois sans être soumis à une certaine température et sans être en contact avec l'eau ; ce liquide agit en ramollissant les fibres, en détruisant leur cohésion et en tendant à s'unir avec quelque produit de la putréfaction. Quant à la chaleur, son action est évidemment de diminuer l'attraction des molécules unies, et de les mettre dans le cas de se dissocier et se combiner différemment ; il ne faut pas qu'elle soit trop grande, elle vaporiserait l'eau, et loin de favoriser la fermentation, elle l'empêcherait d'avoir lieu. La plus convenable est de 15 à 35°. Au-dessous de zéro, terme où l'eau est toujours congelée, il n'y a plus de fermentation putride.

L'air a une influence marquée sur la putréfaction : stagnant, il contribue à la développer en cédant une partie de son oxygène au carbone et à l'hydrogène du corps qui doit l'éprouver ; libre et à l'état de courant, il la retarde s'il se trouve immédiatement en contact avec ce corps, probablement parce qu'il tend à le dessécher et à emporter les germes putrides qui se forment.

Lorsque les végétaux sont imprégnés d'humidité et qu'ils ont le contact de l'air, ou bien lorsqu'il sont recouverts d'eau aérée, il s'en dégage peu à peu du gaz carbonique, du gaz hydrogène-carboné et du gaz azote. Il se forme en outre de l'eau, de l'acide acétique, et enfin une substance-mère dans laquelle le charbon prédomine. C'est ainsi que prennent naissance le terreau, la tourbé, le lignite, le bitume et la houille qui fait le sujet de cet article.

La houille, vulgairement appelée charbon de terre, est un corps solide, opaque, dur, plus ou moins brillant, insipide, quelquefois très friable, rarement assez tendre pour être rayé par l'ongle.

Ce corps appartient aux terrains secondaires et se trouve principalement à la base de ces terrains, dans les dépôts arénacés qu'on désigne sous le nom de *grès houillier*. La houille forme des couches plus ou moins épaisses, et présente, en petit, une structure schisteuse ; quelquefois aussi elle est compacte, car rien n'est plus variable qu'elle : elle offre des différences suivant les lieux d'extraction, et souvent même dans la même mine.

La houille de meilleure qualité contient 30 à 40 p. 0/0 d'un bitume gras ; elle brûle facilement, se boursouffle, laisse peu de résidus, n'a presque pas d'odeur sulfureuse et se conserve long-temps.

D'autres variétés sont pesantes, noires, renferment des veines jaunes occasionées par la présence des oxydes de fer et de magnésie. Elles donnent une flamme vive, mais courte ; contiennent une grande quantité de sulfure, et usent rapidement le fer et le cuivre.

Enfin, on trouve da la houille qui ressemble à du schiste ; elle est très sulfureuse et laisse beaucoup de résidus. C'est la plus mauvaise qualité.

Pour combustible, il faut choisir la plus dure et la plus brillante ; mais pour le mélange de la soude on doit préférer celle qui, renfermant le moins de sulfure, est en même temps la plus légère et la plus friable à cause de sa plus grande facilité à être réduite en poudre.

Quelques fabricans employent aussi le bois en nature comme combustible, et en charbon comme intermède. La nature et la formation de ces corps sont trop connues pour que je m'y arrête ; j'observerai cependant que les bois et les charbons qui en proviennent offrent aussi, dans leurs qualités, des variétés qu'il est utile de connaître.

Employé en nature, le bois dur donne plus de chaleur que de flamme ; le bois blanc plus de flamme que de chaleur.

Les bois résineux brûlent bien, fournissent beaucoup de flamme, mais fument incommodément.

Le bois refendu donne peu de vapeur d'eau et beaucoup de flamme.

Réduit en charbon, le bois blanc donne un charbon léger, peu sonore, durant peu, s'usant facilement.

Le bois dur, chêne, buis, etc., fournit un charbon pesant, sonore, cassant net, s'usant peu, brûlant bien.

L'écorce et les feuilles donnent un mauvais charbon; les vieux troncs, un charbon porreux qui pétille.

Enfin, le meilleur charbon de bois est fourni par les tiges de 3 à 4 ans, sans écorce.

# CHAPITRE TROISIÈME.

## Fabrication.

—

### § I.

### FABRICATION DE L'ACIDE SULFURIQUE.

La fabrication de l'acide sulfurique est fondée sur les phénomènes qui résultent de l'action réciproque du deutoxyde d'azote, de l'oxygène, de l'acide sulfureux et de l'eau. Les principes qui fournissent ces divers corps sont : le soufre, l'eau et le salpêtre.

Nous avons décrit l'appareil connu sous le nom de *chambre de plomb;* voici le procédé de fabrication le plus généralement suivi dans les fabriques de soude :

Après avoir grossièrement concassé le soufre, on en fait un mélange proportionné à la capacité de la chambre ( 115 livres par chaque 10,000 pieds cubes ), et formé de 100 parties de soufre et 10 de salpêtre (*) : on introduit ce mélange

---

(*) Dans certains établissemens, on remplace le salpêtre par le gaz nitreux, provenant de la décomposition de l'acide nitrique, au moyen

dans le fourneau pratiqué sous le sol de la chambre, et on y met le feu au moyen d'un fer rouge. Dans quelques établissemens, les ouvriers ont soin d'imbiber le mélange avec une petite quantité d'acide sulfurique, dans le but d'activer la décomposition.

Lorsque la combustion est bien déterminée, on ferme l'ouverture du fourneau, et les vapeurs s'introduisent dans l'intérieur de la chambre ; on laisse achever la combustion du mélange, qu'il est facile de suivre au moyen des jours laissés à la porte du four, et quand elle est finie, on pousse avec activité le feu des bouillotes, que jusque-là on n'avait entretenu que faiblement. Alors commencent à s'effectuer les combinaisons chimiques ; et dans une opération bien conduite, pendant que la condensation s'opère dans la chambre, on entend une pluie abondante d'acide qui augmente vers la fin, et dont la cessation indique que l'opération est terminée.

---

de quelques corps combustibles. — On pourrait encore économiser considérablement le nitrate de potasse en faisant communiquer, par le moyen de conducteurs en plomb, plusieurs chambres les unes avec les autres, et y introduisant successivement, d'une part, l'acide fabriqué, et de l'autre, le deutoxyde d'azote ( gaz nitreux ), que l'on laisse généralement évaporer dans l'atmosphère, après chaque opération. Cet appareil serait, en grand, semblable, à peu près, à celui inventé par Glaubert et perfectionné par Woulff, dont il porte le nom.

On retire alors le résidu qui s'est formé dans le fourneau, et qui n'est autre chose que du sulfate acide de potasse mélangé et sali par les parties terreuses que contient toujours le soufre, sur-tout quand il n'est pas de première qualité : ce résidu entre dans la composition de l'alun, et sert aux salpétriers pour décomposer le nitrate de chaux ; on pourrait le ramener à l'état de nitre par le moyen du muriate de chaux artificiel, mais ce procédé exigerait probablement un appareil trop coûteux. Revenons à l'acide sulfurique.

Avant de commencer une nouvelle opération, l'ouvrier doit avoir soin d'ouvrir les portes évaporatoires pour renouveler l'air de la chambre, et ne les refermer que quand il a chargé de nouveau son four, que la combustion est bien déterminée et le tirage bien établi. Il importe aussi de boucher exactement la porte du fourneau dont on lute les jointures avec de l'argile humide ; de ne jamais laisser les bouillottes manquer d'eau, et de les nettoyer toutes les semaines.

Une chambre de plomb consume, avons nous dit, 110 livres de soufre par 10,000 pieds cubes de capacité, et au plus 115 livres quand on ne veut pas s'exposer à la forcer ; le soufre produit en acide de 4 à 4 $\frac{1}{2}$ pour un. Prenant pour exemple les proportions les plus fortes dans la consommation du soufre et son rapport, l'on peut établir les progressions suivantes sur le produit de diverses chambres de plomb par cha-que opération de 12 heures; ainsi,

|  |  | pieds cubes. |  | livres. |  | livres. |  |
|---|---|---|---|---|---|---|---|
| Une chamb. de plomb | de 10,000 | consume | 115 | souf. et prod. | 517 | acide. |
| id. | de 20,000 | id. | 230 | id. | 1,035 | id. |
| id. | de 30,000 | id. | 345 | id. | 1,552 | id. |
| id. | de 40,000 | id. | 460 | id. | 2,070 | id. |
| id. | de 50,000 | id. | 575 | id. | 2,587 | id. |
| id. | de 60,000 | id. | 690 | id. | 3,104 | id. |
| id. | de 70,000 | id. | 805 | id. | 3,621 | id. |

Dans les chambres où la combustion du soufre et du salpêtre a lieu par un courant d'air, et dans lesquelles on introduit l'eau à l'état liquide, l'acide obtenu ne s'élève qu'à 32, 33 ou 34 de-grés de l'aréomètre de Baumé, et pour le livrer au commerce ou l'employer à la fabrication de la soude, on est obligé de le concentrer par l'éva-poration jusqu'au degré nécessaire (*).

Dans les chambres, au contraire, où la com-bustion s'opère seulement par la décomposition du salpêtre, l'acide, en sortant de la chambre, mar-que ordinairement 50, 51 à 54°, et est par con-

---

(*) Dans l'établissement du plan d'Aren, cependant, on emploie de l'acide à tous les degrés, pour la fabrication des soudes à bas titre.

séquent propre à plusieurs arts, et surtout à être employé de suite à la préparation du sulfate de soude. Quand l'acide est au-dessus de 51 degrés, on peut l'étendre en versant, dans la chambre même, une certaine quantité d'eau à l'état liqui-de : c'est ce que font généralement tous les fabricans de soude.

C'est à Lemery et à Lefévre qu'on doit les premières idées qui perfectionnées ont donné naissance à de nouveaux produits et à de nombreuses manufactures ; mais la théorie de la fabrication de l'acide sulfurique, dans des chambres de plomb, est due à MM. Clément et Desormes, qui la basèrent sur l'action réciproque des gaz acide nitreux et acide sulfureux humides : ces gaz également secs, n'ont aucune action mutuelle ; mais dès qu'on les met en contact avec une très petite quantité d'eau, ils agissent subitement l'un sur l'autre, et leur combinaison produit du gaz deutoxyde d'azote et de l'acide sulfurique liquide.

C'est précisément ce qui s'effectue dans une chambre de plomb. En effet, le gaz acide nitreux provenant de l'acide nitrique, dont les élémens constitutifs sont l'azote et l'oxygène, décomposé par le soufre, se trouvant en contact avec le gaz acide sulfureux et la vapeur d'eau, cède au gaz acide sulfureux une partie de son oxygène, d'où il résulte :

1° De l'acide sulfurique liquide qui se précipite,

2° Du gaz deutoxyde d'azote, reste de l'acide nitreux qui a perdu une partie de son oxygène.

Ce dernier enlève, à son tour à l'air atmosphérique de la chambre, l'oxygène qui lui est nécessaire pour se reconstituer à l'état d'acide nitreux, et rencontrant une nouvelle quantité d'acide sulfureux humide, les mêmes réactions que j'ai décrites se renouvellent, pour recommencer encore jusqu'à ce que l'oxygène contenu dans la chambre soit entièrement épuisé. De sorte qu'à la fin d'une opération, une chambre de plomb ne doit plus renfermer que de l'acide sulfurique liquide déposé sur le sol, et des gaz azote et deutoxyde d'azote dont on la débarrasse par l'ouverture des portes évaporatoires.

## § II.

### FABRICATION DU SULFATE DE SOUDE.

Dans un fourneau à réverbère, dont le fond ou la sole doit être en pierres de grès et qui a été préalablement chauffé, on introduit, dans les proportions en rapport avec la capacité du four, d'abord le sel marin au moyen d'une pelle, en ayant soin de l'étendre également sur toutes les parties de la sole. Ensuite on y verse l'acide sulfurique au moyen d'une pipe en cuivre étamée dans son intérieur.

Sur 100 parties de sel, il en faut, dit M. Thénard, 116 d'acide sulfurique au titre du commerce, qui est 50° à l'aréomètre de Beaumé; mais l'expérience a prouvé que l'on pourrait, sans inconvéniens, varier de 80 à 120 d'acide p. % de sel.

Il arrive quelquefois qu'au moment où l'on introduit l'acide sulfurique, il se forme une écume considérable et qu'une partie du sel est soulevée : il importe d'éviter cet inconvénient et l'on y parvient en versant l'acide en plusieurs fois. Outre cet avantage, les cornues de grès que l'on emploie généralement, facilitent l'appréciation juste de la quantité d'acide à mélanger avec le sel. Dans quelques établissemens cependant, pour simplifier la main-d'œuvre, à la pipe et aux cornues, on substitue un réservoir en plomb que l'on remplit plus ou moins, selon la quantité de sel à dénaturer. On verse ensuite l'acide dans le fourneau par le moyen d'un conduit en plomb, muni d'un robinet et aboutissant sur le dessus du four même, où est pratiquée une petite ouverture.

Dès que le sel et l'acide sulfurique sont en contact dans le four, il se produit un fort bouillonnement ; aussi doit-on ménager le feu au commencement de l'opération, pour éviter une trop grande évaporation d'acide.

La décomposition du sel s'opère peu à peu; il en résulte, outre le gaz acide muriatique qui est chassé par l'acide sulfurique, du sulfate de soude solide et fixe, d'où il suit que l'eau de l'acide sulfurique se décompose, et que, tandis que son hydrogène acidifie le chlore, son oxygène oxyde le sodium et l'élève à l'état de protoxyde.

L'acide hydrochlorique s'échappe sous forme gazeuse, et se répand dans l'atmosphère par le tuyau aspirant du fourneau, accompagné des corps fuligineux qui se dégagent des matières combustibles du foyer.

A mesure que la décomposition devient plus active, on force un peu plus le feu, et quand la surface n'offre plus à l'œil qu'une croûte blanche et larmoyante en quelques endroits, l'ouvrier doit, avec une pince appropriée à cet usage, la rompre et la détacher des parois du foyer où elle finirait par adhérer fortement et se durcir; il faut ensuite qu'il ait soin de tout rassembler, aussi près que possible, du foyer pour hâter la calcination, et en même temps bien battre sa cuite avec un ringard pour en éviter la fusion.

Enfin, quand il ne se dégage plus d'acide hydrochlorique et que l'on voit se développer, sur toute la masse, une belle couleur jaune canari, l'opération est terminée, et l'on doit retirer du four le sulfate ainsi préparé. Il se présente en petits grumeaux privés de toute humidité qui blanchissent en se refroidissant, et n'exigent aucune autre préparation pour être employé à la fabrication de la soude.

Le sulfate de soude bien confectionné présente à l'analyse 100 d'acide et 78—187 de base (Thénard). C'est un des sels dont la cristallisation est la plus facile ; ses cristaux sont si diaphanes qu'on les voit souvent à travers l'eau où ils sont formés. Il est éminemment efflorescent, c'est-à-dire, qu'exposé au contact de l'air il perd en très peu de temps son eau de cristallisation, et ne présente plus à l'œil qu'une poussière blanche, sèche et pulvérulente. On l'emploie en médecine; c'est Glaubert qui, le premier, en a découvert les propriétés comme purgatif et adopté l'usage ; aussi portait-il autrefois son nom, et on l'appelle encore quelquefois *sel de Glaubert.*

Les principales propriétés chimiques du sulfate de soude sont :

1º Etant chauffé bien fortement avec du charbon bien sec et en poudre, d'être décomposé et changé en sulfure ;

2º D'être décomposable par la potasse, la soude, la craie, par les métaux de la 3$^{me}$ section et par plusieurs de la quatrième ;

3º D'être soluble plus dans l'eau chaude que dans l'eau froide, au-dessus de 33º; cependant sa solubilité diminue jusqu'à 103º 17, température à laquelle la dissolution bout sous la pression ordinaire;

4º D'être décomposé par les sels de baryte, avec lesquels il forme un précipité blanc insoluble dans l'eau et dans l'acide nitrique; ce précipité est le résultat de la combinaison de la baryte avec l'acide sulfurique; et c'est là-dessus qu'est basée la théorie de l'épreuve du sulfate de soude du commerce, par l'intermède du muriate de baryte.

La différence entre le sulfate de soude ordinaire et le sulfate riche, est presque nulle dans la fabrication de la soude au-dessus de 33º d'alcali, et n'existe que dans l'emploi d'une quantité un peu plus forte d'acide sulfurique. En effet, s'il faut, pour produire cette soude, 110 kil. d'acide à 50º p. % de sel, 120 kil. du même acide pour une égale proportion de sel, suffiront pour donner du sulfate riche de belle qualité, et l'ordonnance royale du 26 juillet 1826, ne détermine elle-même, pour la fabrication de ce sulfate, qu'une quantité de 107 kil. 80 d'acide à 50º pour 100 kil. de sel.

Quant aux quantités de sulfate que l'on peut obtenir d'une quantité donnée de sel, elles sont

principalement subordonnées au talent de l'ouvrier ; cependant une longue expérience et des
observations multipliées ont, dans une opération bien conduite, fait généralement constater
l'exactitude des progressions suivantes :

| | | | | | | |
|---|---|---|---|---|---|---|
| 120 kil. d'acide à | 50 p. % | de sel donnent | 132 kil. | de sulfate; | | |
| 110 | id. | p. % | id. | 121 | id. | |
| 100 | id. | p. % | id. | 110 | id. | |
| 90 | id. | p. % | id. | 99 | id. | |
| 80 | id. | p. % | id. | 88 | id. | |

D'où l'on peut tirer les conséquences ci-après :
1º Si l'on emploie plus de 120 kil. d'acide
à 50 degrés pour décomposer 100 kilog. de sel ,
on s'expose au double inconvénient de perdre la
quantité d'acide excédant 120 kil. et de dé-
tériorer plus promptement les fours, dont les
parois sont attaquées par ce même acide qui,
s'il ne se volatilisait pas, ne trouverait pas d'autres corps sur lesquels il pût exercer son action
ordinaire.
2º Si, au contraire, on ne met pas la proportion
d'acide reconnue nécessaire pour obtenir du sulfate de belle qualité, il en résultera nécessairement une plus faible quantité de sulfate, et
un sulfate à bas titre mélangé de portions plus
ou moins considérables de sel fondu qui, ayant
échappé au contact de l'acide, sera resté à l'état
d'hydrochlorate de soude.

## § III.

### FABRICATION DE LA SOUDE.

Dans un fourneau à réverbère, de forme elliptique dont le fond est pavé en briques à feu et qui a été chauffé pendant 20 à 30 heures, c'est-à-dire, jusqu'à ce qu'il ait atteint un degré de chaleur plus élevé que le rouge cérise, on introduit un mélange de sulfate de soude, de charbon et de craie, préalablement préparé dans les proportions indiquées. L'exactitude de ces proportions est indispensables pour que la combinaison des ingrédiens soit complète, et pour obtenir des titres fixes.

Il est reconnu, en général, que pour fabriquer un quintal de soude au titre du commerce, c'est-à-dire, à 33° et au-dessus, il faut :

|  |  |  |
|---|---|---|
| 66 livres | | sulfate de soude, |
| 66 | id. | carbonate calcaire pulvérisé, |
| 40 | id. | charbon en poudre. |
| Total. 172 | id. | qui, après l'opération, seront réduites à 100 livres, à cause d'un déchet ordinaire de 43 p. °/₀ pendant la cuisson. |

Supposons donc un four dont la sole soit de 13 pieds de long sur 11 de large, et capable de fournir une cuite d'un millier de livres, il sera nécessaire d'introduire dans le fourneau, après en avoir fait un mélange exact, un dosage de 1720 livres formé de la manière suivante :

Sulfate de soude........... 660 livres.
Craie en poudre..:......... 660 id.
Charbon pulvérisé......... 400 id.

Mais si, pour obtenir un bon degré en alcali et pour avoir des soudes peu sulfurées, il faut que le mélange des ingrédiens soit fait dans les proportions convenables, il est aussi très important de bien conduire l'opération.

On peut diviser la confection d'un pain de soude en trois temps : le premier, où les matières se pénètrent de chaleur et se fondent en partie ; le second, où la fonte s'achève ; le troisième, où l'opération se termine par une réaction plus marquée des matières liquéfiées.

Voici le procédé généralement suivi dans les fabriques de soude de la Provence :

Le dosage des matières étant introduit dans le four, il importe de pousser le feu avec toute l'activité possible, jusqu'à ce que, ordinairement après une intervalle de $^3/_4$ d'heure ou d'une heure, la surface du mélange, qui a dû être étendu sur la sole en une couche uniforme, commence à bien couler et soit, pour ainsi dire, toute blanche de feu. On ne doit pas y toucher jusqu'à ce moment, parce que l'on ralentirait la fusion plutôt que de l'avancer ; mais alors il faut le sillonner avec une grappe en fer, et répéter deux ou trois fois cette opération à petits intervalles, jusqu'à ce que les deux tiers de la matière aient coulé. C'est là le moment de commencer l'empâtage, ou, pour mieux dire, la liquéfaction complète. Cette opération est moins subordonnée à l'élévation de la température qu'à l'activité de l'ouvrier, et à l'adresse avec laquelle il bat toute la masse avec un ringard, en ayant soin surtout de porter vers le centre du four les parties les plus rapprochées du foyer, qui naturellement ont presque toujours atteint leur degré de cuisson avant la fin de l'opération. Il est très important, pendant ce temps-là, de bien ménager le feu, sinon il se volatilise beaucoup trop d'alcali et la soude n'a plus le degré exigé. L'ouvrier doit aussi remuer dans tous les sens et bien mélanger la matière, qu'on voit alors boursouffler et montrer sur la surface de longs jets de flamme blanche, indice certain de la fin de l'opération. Si alors on fait couler la matière dans le moule, elle reste spongieuse ; mais, au contraire, en attendant quelques instans avant de la retirer du four, le boursoufflement diminue, la matière s'épaissit, devient plus compacte et prend, en sortant, une forme floconneuse comme veloutée, signe constant de sa bonne qualité. Une fonte, au contraire, qui ne serait pas assez cuite, est toujours en partie liquide et en partie grumeleuse; elle est, en outre, d'un rouge sale, offrant beaucoup de parties de mélange ni décomposées ni combinées. On reconnaît que la matière est suffisamment cuite, lorsqu'en y plongeant, quand elle est encore en pâte, une pince en fer, elle n'y adhère pas.

Enfin, quand la soude est dans le moule, l'ouvrier la bat encore avec une barre de fer un peu forte, et la laisse refroidir : son premier soin doit être ensuite de nettoyer la bouche du four et d'en fermer l'entrée.

Il importe de rappeler quelques précautions à prendre pendant la durée d'une opération.

Ainsi il est nécessaire que la cheminée tire bien, et il vaut mieux qu'elle pèche par excès que par défaut.

On doit aussi veiller à ce que les charges de combustible soient petites et multipliées, car c'est le moyen d'obtenir un feu plus vif et plus nourri; d'éviter qu'il se forme du mâchefer, et par conséquent de ménager les grilles et parois du foyer.

Lorsque l'ouvrier commence l'empâtage, s'il arrivait que, par une trop forte dose de charbon, la cuite se trouvât trop compacte et trop difficile à battre et à enlever, il faut y remédier avec une ou deux pellées de sel marin, qui entraînerait de suite la fusion.

Le sulfate de soude trop chargé d'acide peut produire le même effet qu'un excès de charbon; on y remédie de la même manière.

Dans un établissement bien dirigé un seul four, tel que celui que nous avons pris pour exemple, étant conduit par deux ouvriers et un garçon de four, peut donner 10 cuites ou 100 quintaux de soude par 24 heures à une durée de 2 heures 25 minutes par opération.

EXPLICATIONS CHIMIQUES SUR LA FORMATION ET LA NATURE<br>DE LA SOUDE FACTICE.

La soude, avons-nous vu, est le résultat de la combinaison de quantités proportionnelles de sulfate de soude, de charbon et de craie.

La théorie de cette fabrication repose sur ces deux propriétés du sulfate, d'être décomposé à une haute température par le charbon qui le change en sulfure, et d'être décomposé de nouveau et de se combiner avec la craie ou tout autre carbonate calcaire.

En examinant la nature des corps qui forment le mélange, il est facile de saisir les métamorphoses chimiques qui s'opèrent pendant la fabrication : le charbon et la craie y jouissent d'une influence également importante. Aussitôt que le charbon a transformé le sulfate en sulfure, commence le rôle de la craie dont la chaleur a également divisé les principes constitutifs.

L'oxyde de calcium, par sa grande affinité pour le soufre, s'empare de l'acide sulfurique et laisse entièrement isolée la plus grande partie de la base du sulfate, l'oxyde de sodium qui, rencontrant de l'acide carbonique, fourni en abondance par le charbon et la craie elle-même, se combine et forme le sel recherché : le sous-carbonate de soude, plus connu sous le nom générique d'alcali. Pendant ce temps, quelques portions d'acide sulfurique restent unies à la soude à l'état de sulfure de soude, tandis que d'autres, remplacées par l'acide carbonique, rencontrant des parties de chaux également isolées, s'unissent à elles et donnent naissance à du sulfure de chaux.

D'après ces divers changemens, l'on conçoit comment la soude factice est un composé de

Sous-carbonate de soude,
Soude caustique,
Sulfure de soude,
Sous-carbonate de chaux,
Sulfure de chaux,
Résidus de charbon,
Et d'une portion de carbone qui, échappé à la combustion, donne à ce composé une couleur grise plus ou moins foncée, selon que cette portion est plus ou moins considérable.

Une soude ainsi obtenue doit, pour être de bonne qualité, avoir une belle couleur gris cendré, n'exaler aucune odeur, ne varier presque pas de poids, et conserver en tout temps les mêmes propriétés : elle est d'autant plus riche, que la proportion de sous-carbonate de soude et de soude caustique est plus forte ; ce n'est que la présence de ces corps qui en fait la richesse, l'expérience ayant prouvé que le sulfure de soude ne joue aucun rôle dans la saponification de l'huile, et qu'il ne peut être utile que pour colorier les savons marbrés, où il remplace les soudes très sulfurées que précédemment on importait en France sous le nom de *soudes bourdes*.

On reconnaît qu'une soude est sulfureuse à son odeur hépathique, approchant de celle des œufs couvés, et à sa couleur rouge noirâtre que le contact de l'air change en peu de temps en gris plus ou moins foncé. L'excès d'hydrosulfure dans une soude peut provenir de trois causes : d'un dosage de craie plus faible que celui du sulfate; de l'emploi d'une trop forte quantité de charbon, ou du peu de cuisson de la matière.

Le bon dosage du charbon est de la plus grande importance; on peut, il est vrai, remédier en partie à son excès, en prolongeant la calcination ; mais cette prolongation rend la soude plus dure, plus dense, moins spongieuse et d'une pulvérisation et lixivation plus difficiles.

Peu de corps absorbent aussi promptement l'humidité que la soude ; cette propriété est en raison directe de la quantité des sulfures contenus dans la matière, le sous-carbonate de soude étant lui-même un sel efflorescent.

Suivant l'élévation de l'atmosphère, on peut conserver plus ou moins long-temps une soude ; mais si la température est humide, il convient de l'employer le plutôt possible, ou de la réduire à l'état de sous-carbonate, plus connu sous le nom de *sel de soude de commerce*.

## § IV.

### FABRICATION DU SEL DE SOUDE.

On commence par pulvériser grossièrement la soude que l'on veut réduire ; on la met à refus dans des baquets en bois (*) garnis à leur fond d'une couche de paille servant de filtre, et convenablement disposés pour effectuer le lessivage qui doit être fait à froid, surtout pour les sou-

---

(*) Il est utile d'observer que le procédé de lessivage est le mieux, quel que soit le mode de construction des cuves ou baquets.

des factices, afin que le sulfure de chaux qu'elles contiennent ne soit pas attaqué et dissous.

Quand la lessive a atteint un degré assez élevé, 25° par exemple, on l'introduit dans un four à réverbère dont la sole, légèrement inclinée, est, ainsi que les montans de la voûte, en pierres de grès. On procède alors à l'évaporation que l'on poursuit jusqu'à siccité, en ayant soin d'agiter la matière presque continuellement, pour éviter que le sel qui se dépose ne se prenne en masse, et de la diviser autant que possible pour faciliter le desséchement de toutes ses parties.

La conduite du feu est un point essentiel ; on doit le ménager, surtout vers la fin de l'opération. Il est également utile d'observer que la lessive ne s'introduit que peu à peu dans le four, et au fur à mesure qu'elle se sèche, jusqu'à ce qu'il y ait une certaine quantité de sel de formé : on doit aussi avoir soin de la tenir chaude avant de l'introduire, pour ne pas trop refroidir le four et éviter, par conséquent, de retarder l'opération. A cet effet, on dispose sur le fourneau une grande chaudière en tôle forte, d'où on la tire au moyen d'un robinet ; cette chaudière ne doit être échauffée que par la chaleur qui émane de la voûte du fourneau.

Quand la cuite est parvenue au point de calcination nécessaire, on la tire en la recevant dans une brouette en tôle montée sur bois, que l'on couvre ensuite d'une plaque également en tôle et où le sel achève de se confectionner.

J'ai dit qu'il était nécessaire que la lessive ait atteint un degré déterminé d'alcali avant d'être introduite dans le four; en voici la raison : plus la lessive est chargée de sel, moins il faut de temps pour l'évaporation, et il est d'ailleurs reconnu qu'une lessive saturée d'eau, détériore promptement un four.

Du reste, la beauté du sel de soude dépend principalement de la bonté et de la richesse en alcali des soudes qu'on emploie; et l'économie du temps, et surtout du combustible, est subordonnée à l'élévation des lessives.

Il y a donc deux choses essentielles à considérer dans la fabrication du sel de soude :

1° La qualité des soudes,

2° La manière de les lessiver.

On s'assure de la qualité des soudes par le procédé connu de tout le monde, l'alcalimètre de Descroizilles; quant au lessivage, il ne demande que de l'intelligence et du soin de la part de l'ouvrier qui en est chargé.

Voici, d'après plusieurs fabricans, le procédé le moins coûteux et le plus simple de lessiver des soudes soit naturelles soit factices. Je prendrai pour base le travail d'un four seulement, dans les dimensions les plus usitées.

Le travail d'un four exige au moins 5 baquets de forme conique, de 4 pieds ½ à 5 pieds
dans toutes les dimensions ; cette capacité peut
contenir environ 50 quintaux, poids de table, de
matière ; ces baquets doivent être munis d'une
couche de paille servant de filtre, et d'un petit
trou d'écoulement donnant sur des rigoles destinées à conduire la lessive dans les réservoirs qui
doivent la contenir.

Dès que la matière est introduite dans les baquets, l'on fait arriver l'eau dans l'un d'eux, que
je désignerai par le n° 1, jusqu'à ce que la soude
en soit entièrement recouverte ; on laisse l'eau en
cet état pendant environ trois heures, après quoi
on lui ouvre un passage en débouchant le trou
d'écoulement du baquet : cette première lessive
se rend dans le réservoir qui se trouve en dessous, et l'on a soin de réparer, par un filet d'eau
continu, la perte que le baquet éprouve par
le bas.

Quand, dans ce premier réservoir, il s'est amassé
une certaine quantité de lessive, on la puise avec
un instrument appelé en Provence *poidou*, et
on la coule sur le baquet n° 2, en ayant soin
de laisser aussi un libre cours au lessivage par
le trou d'écoulement. Lorsque le réservoir de ce
second baquet contient à son tour une quantité
suffisante de lessive, on la puise également pour

la puiser sur la matière du n° 3, et de même pour celle du n° 4.

Quant au 5$^{me}$ baquet, il a une autre destination ; on l'appelle *souillarde* dans quelques fabriques, et voici son emploi :

Lorsqu'un baquet est à moitié épuisé, on lui enlève environ un pied de hauteur de la matière qu'il renferme, pour la mettre dans la souillarde où l'on achève de la lessiver : cela facilite ordinairement l'épuisement de la soude restante : les produits de la souillarde, étant généralement faibles, se versent sur le baquet à l'eau ( n° 1 ).

Ce transport de lessives d'un baquet à l'autre sur des matières encore. riches, fait qu'elles se corroborent en se chargeant d'alcali, et qu'elles doivent présenter en résultat 25 à 27°, si l'on opère sur des soudes à 33°.

L'on doit faire en sorte que les lessives fortes, quel que soit le baquet qui les fournisse, se rendent toutes dans un même réservoir, où l'on puise pour le service du four.

Enfin, quand, au bout de deux jours et demi ou trois jours au plus, le baquet n° 1 est épuisé, on le fait vider et on le remplit à neuf; l'on dirige alors l'eau sur le n° 2, pour l'épuiser à son tour, et le premier devient le baquet des lessives fortes : ainsi de l'un à l'autre, de manière que tour à tour, chaque baquet prenne le nom de baquet à l'eau, baquet des petites avances, baquet des avances, baquet des lessives fortes, le baquet neuf devant toujours donner les lessives fortes.

La règle à suivre pour le transport des lessives d'un baquet à l'autre est de 12 cornues à l'heure, de manière qu'on doit aussi, dans le même espace de temps, obtenir une égale quantité de lessive forte. Un four exige 120 cornues par 24 heures, et doit terminer une opération toutes les 6 heures, ce qui divise la journée en 4 cuites, en supposant toujours des lessives fortes.

Plus une soude est riche, plutôt une opération est terminée et plus l'on obtient de produits : il est généralement reconnu que 100 parties de soude à 36 degrés d'alcali, donnent 33 parties de sel de soude.

Dans quelques grands établissemens, pour augmenter la valeur de la marchandise, on fait cristalliser le sel de soude et on le répand en cet état dans le commerce.

Voici le procédé que l'on peut suivre pour cette opération :

Quand le sel de soude est entièrement formé, on l'expose pendant quelques jours à une température humide pour faire passer à l'état de sous-carbonate les portions de soude qui pourraient être caustiques. Au bout de ce temps, ou plutôt s'il est nécessaire, lorsqu'il s'est formé une efflorescence à la surface de la soude, on la lessive de nouveau, on concentre la liqueur convenablement, et l'on obtient, par le refroidissement, du sous-carbonate de soude cristallisé, qu'il est ensuite facile de purifier par de nouvelles cristallisations.

# Deuxième Partie.

## SURVEILLANCE.

# CHAPITRE QUATRIÈME.
### Lois, Ordonnances et Réglemens.

La surveillance des fabriques de soude de France, exclusivement accordée à l'administration des douanes par l'art. 7 de l'ordonnance royale du 8 juin 1822, sauf les exceptions de localités jugées nécessaires par Son Excellence le Ministre des finances, repose sur les lois et réglemens suivans :

Décret du 13 octobre 1809,
Arrêté ministériel du 28 novembre 1809,
Décret du 15 octobre 1810,
Ordonnance royale du 14 janvier 1815,
Décision ministérielle du 30 septembre 1817,
Ordonnance royale du 8 juin 1822,
Arrêté ministériel du 17 juin 1822,
Circulaire administrative du 30 juillet 1822, n° 741,
Ordonnance royale du 13 octobre 1822,

Circulaire administrative du 20 octobre 1822, n° 759, bis.
id.          du 18 janvier 1823, n° 781,
id.          du 26 novembre 1823, n° 832,
Décision du Ministre de l'intérieur du 28 octobre 1824,
Article 23 de la loi du 17 mai 1826,
Ordonnance royale du 26 juillet 1826,
Circulaire administrative du 2 août 1826, n° 999,
id.          du 1 septembre 1826, n° 1003.

Le texte de ces instructions étant à la portée de tous les employés, soit par le bulletin des lois, soit par la précieuse collection de M. Ferrier et le recueil des circulaires imprimées par l'administration des douanes, j'ai jugé inutile de les transcrire ici, et je me suis borné à classer, dans leur ordre naturel, les dispositions actuellement en vigueur.

LOIS, RÉGLE-
MENS, etc.

## § I.

### PRINCIPE FONDAMENTAL.

Décret du 13
octobre 1809.
Art. 1.

Lès fabriques de soude factice ne sont pas assujetties à l'impôt du sel sur celui qu'elles emploient dans la fabrication.

## § II.

### ÉTABLISSEMENT D'UNE FABRIQUE.

Les fabriques de soude factice (*) ( et sulfate de soude ) étant comprises

---

(*) Les frabriques où l'on ne prépare que la soude, font partie de la deuxième classe des établissemens insalubres.

dans la première classe des manufactu-res et ateliers qui répandent une odeur insalubre, nulle fabrique ne peut être construite dans le voisinage des habitations particulières, et leur établissement n'est autorisé, par ordonnance royale, qu'après les formalités suivantes :

1° Demande au préfet, affichée dans toutes les communes, à 5 kilomètres de rayon, afin qu'il soit statué sur le *commodo* et l'*incommodo* ;

2° Obligation de condenser l'acide hydrochlorique pour toutes les fabriques situées à portée des biens cultivés ;

3° Déclaration au directeur général des douanes, contenant la situation de la fabrique, le nombre des fourneaux à soude, disposés pour les travaux, les marais salans ou les entrepôts, d'où l'on se propose de tirer l'approvisionnement des sels ; la quotité approximative de cet approvisionnement, et enfin l'obligation de payer la somme de 1500 fr. par an, pour frais d'exercice.

Cette déclaration n'est valable que

LOIS, RÉGLE-MENS, etc.

Décret du 15 octobre 1810.

Même décret.

Décision du Ministre de l'intérieur du 28 octobre 1824.

Ordonnance royale du 8 juin 1822, art. 7, et arrêté du Ministre des finances du 17 juin 1822, art. 1 et 2.

pour un exercice et doit être renouvelée toutes les années.

L'autorisation sollicitée étant accordée, un fabricant ne peut en jouir que sous les clauses et conditions ci-après :

1° Clore l'établissement d'un mur d'enceinte à hauteur suffisante, dans lequel il ne doit être pratiqué d'autre communication avec l'extérieur que celle de la porte d'entrée ;

2° Construire trois magasins, fermant chacun à trois clés, distincts les uns des autres, et destinés au sel mélangé, au sulfate de soude et à la soude fabriquée.

3° Les entrepreneurs qui voudront jouir de l'autorisation accordée par la loi du 17 mars 1826, devront créer un quatrième magasin, consacré au sulfate de soude riche.

Ces divers magasins ne seront admis qu'autant qu'ils n'auront d'autre ouverture que la porte d'entrée en dedans de la fabrique, et qu'ils seront reconnus présenter toutes les garanties nécessaires contre les soustractions.

4º Fournir, dans l'intérieur de la fabrique et en un lieu convenable, à chacun des employés chargés de l'exercice, un logement composé de deux chambres et une cuisine, si ces employés sont mariés, et d'une chambre et une cuisine, s'ils sont garçons.

5º Représenter tous les ustensiles, instrumens ou moyens de fabrication nécessaires pour que le mélange du sel et de l'acide sulfurique puisse toujours se faire sous les yeux des employés.

Il ne doit être toléré, dans une fabrique de soude, aucun atelier destiné à l'emploi des soudes, à l'extraction de produits chimiques ou de sel de soude.

Cette prohibition ne s'étend point au sel de soude, qui peut, dans les fabriques existantes antérieurement au 8 juin 1822, être confectionnée dans le même établissement que les soudes, sous la condition qu'il sera affecté, aux deux genres de fabrication, des ateliers séparés par un mur d'enceinte, à une hauteur jugée suffisante par les préposés à l'exercice.

LOIS, RÉGLE-
MENS, etc.

Circulaire ad-
ministrative du
30 juillet 1822,
n° 741.

Est également excepté de cette mesure, l'acide hydrochlorique, que les
fabricans peuvent recueillir et employer comme ils l'entendent.

## § III.

### DÉPART DU SEL POUR LES FABRIQUES.

Les autorisations pour l'extraction
des sels, soit des salins, soit des entrepôts, sont accordées par le directeur des douanes, et ensuite délivrées
par les commis aux soudes, par des
certificats contenant la situation des
magasins de la fabrique. Ces derniers
( les employés aux soudes ) doivent
limiter les expéditions partielles, de
sorte que l'approvisionnement d'une
fabrique ne puisse jamais excéder la
quantité de sel proportionnée à ses
besoins de fabrication de sulfate et
de soude pendant trois mois.

Arrêté minis-
tériel du 17 juin
1822, art. 6.

Les sels destinés pour une fabrique
de soude, quelle que soit sa position,
doivent sur les lieux d'expédition, être
préalablement altérés par l'addition,
sur 85 kil. de sel, d'un demi centième de charbon de bois pulvérisé,

et d'un quart de centième de goudron, ou, au choix du propriétaire, d'un demi millième d'huile empyreumatique.

Ces sels, ainsi altérés, sont mis dans des sacs du poids uniforme de cent kilogrammes net, ayant la couture en dedans, et sont expédiés sous plomb et par acquit à caution, portant obligation soumissionnée de les conduire directement et dans un délai déterminé aux fabriques pour lesquelles ils auront été déclarés.

Le non rapport des expéditions revêtues de certificats de décharge complets entraîne le paiement du quadruple des droits sur le sel manquant.

Sont exemptées de la double formalité du plombage et de l'acquit à caution, les fabriques situées près des salins. L'acquit à caution sera alors suppléé par une reconnaissance du fabricant, attestant la réception du sel à chaque vacation où il sera vérifié, transporté et reçu en magasin, le tout sous la surveillance des préposés.

Lois, réglemens, etc.

Ordonnances roy. des 8 juin et 18 octobre 1822, art. 2 et 3.

Arrêté ministériel du 17 juin 1822, art. 8.

Décret du 13 octobre 1809, art. 4 ; arrêté ministériel de 1822, art. 10.

Même arrêté, art. 9.

## § IV.

### ARRIVÉE DU SEL EN FABRIQUE.

Aussitôt que le sel arrive en fabrique, les employés chargés de l'exercice doivent :

1° Dans les établissemens éloignés des salins, vérifier l'état des cordes et des plombs apposés aux sacs de sel;

2° Dans toutes les fabriques, reconnaître le nombre, le poids et le contenu de ces sacs, et s'assurer ainsi de l'identité de la présentation avec la déclaration ;

3° Faire ensuite vider, en leur présence, les sacs dans le magasin affecté à cet usage, en ayant soin de faire mélanger le sel dans la proportion de 15 kil. pour 85 ou 17—64 p. %, avec du sulfate pouvant produire de la soude à 30 degrés.

Ces opérations terminées, les employés inscrivent, sur le registre de compte-ouvert, série S, n° 53, la quantité de sel reçu en magasin, et déchargent, s'il y a lieu, l'acquit à caution, qui ne doit être toutefois rendu aux soumissionnaires qu'après

que l'inspecteur chargé de la surveil- LOIS, RÉGLE-MENS, etc.
lance de la fabrique l'a revêtu de son
visa.

## § V.

### DÉLIVRANCE ET EMPLOI DU SEL.

Le sel altéré et mélangé ne peut
être extrait du magasin que sous les
yeux des préposés à l'exercice, et dans
la mesure des besoins de la fabrication; il doit être employé immédiatement à cet usage, de sorte qu'aucune quantité de sel, non dénaturé,
ne reste à la disposition du fabricant.

*Ordon. royale du 8 juin 1822, article 3; arrêté ministériel du 17 juin 1822, art. 12.*

Après avoir reconnu le degré de
l'acide sulfurique, les préposés s'as-
surent s'il est employé proportion-
nellement à sa force, et suivent la
complète dénaturation du sel marin.
Ils doivent, en outre, surveiller l'entière conversion du sulfate de soude

*Même arrêté art. 13.*

en soude, par son mélange avec des
quantités déterminées de charbon et
de craie pulvérisés.

*Ordon. royale du 8 juin 1822, art. 4.*

Pour diminuer ce que les fonctions
des employés des soudes auraient de
trop pénible, il leur est généralement permis de délivrer chaque soir

aux fabricans tout le sel jugé indispensable aux travaux de la nuit, en observant soigneusement de le faire arroser, en leur présence, avec une quantité d'acide sulfurique ( 10 à 12 p. % ) suffisante pour qu'aucune partie du sel n'échappe au contact de l'acide.

Cette tolérance offre d'autant moins de dangers, que les préposés doivent, chaque matin, reconnaître s'il a été confectionné une quantité de soude proportionnée au sel livré, et que cette même soude ne peut sortir de la fabrique sans avoir été essayée par des moyens infaillibles de s'assurer si elle est au degré voulu par la loi.

## § VI.

### MATIÈRES FABRIQUÉES.

#### SULFATE.

Le sulfate de soude est le produit de la décomposition du sel marin ( muriate de soude ) par l'acide sulfurique concentré.

L'administration en distingue trois qualités, savoir :

1.º Le sulfate ordinaire, destiné à la fabrication et qui doit être propre à donner de la soude au moins à 20 degrés d'alcali ;

*Ordon. royale du 8 juin 1822, article 3; arrêté minist. de 1822, art. 17.*

2.º Le sulfate employé au mélange du sel et devant produire de la soude à 30 degrés ;

*Ordon. royale du 8 juin 1822, art. 2.*

3.º Le sulfate riche, jouissant de la faculté d'être consommé en nature dans le royaume, et devant contenir 91 de sulfate sec et pur par quintal.

*Loi du 17 mai 1826, art. 23.*

Voici le minimum des proportions déterminées par les experts du Gouvernement pour l'emploi de l'acide sulfurique à 50 degrés, tel qu'il est généralement usité dans les fabriques de soude :

1er Sulf. est formé par  51 k. 16 d'acide p. % k. de sel.
2e      id.        par  76 k. 74  id.   p. %    id.
3e      id.        par 107 k. 80  id.   p. %    id.

*Instruction du 17 juin 1822.*

*Instruction du 26 juillet 1826.*

Pour s'assurer de la qualité des sulfates ordinaires ( 1er et 2e ), les employés peuvent les faire convertir en soude en leur présence, et reconnaître ensuite si ces soudes sont au degré respectif exigé.

*Arrêté minist. du 17 juin 1822, art. 17.*

Quant au sulfate riche, on en fait l'épreuve par le moyen du muriate

LOIS, RÉGLE-
MENS, etc.

Ordon. royale
du 26 juillet
1826, art. 4.

de baryte, suivant le procédé indiqué par le 2ᵉ § de l'instruction annexée à l'ordonnance royale du 26 juillet 1826.

Le sulfate ordinaire peut, sous une déclaration spéciale du fabricant, être envoyé d'un établissement dans un autre où l'on ne confectionne toutefois point de ce sulfate.

Arrêté minist.
de 1822, article 16.

Le sulfate destiné pour l'étranger doit être expédié sous acquit à caution qui en assure la sortie par l'un des bureaux de douane ouverts aux marchandises payant plus de 20 fr. le quintal, auxquels a été, par exception, ajouté celui de Rochefort, direction de Belley.

Même arrêté,
art. 19; circul.
du 18 janvier
1823, n° 781.
Circulaire du
26 nov. 1823,
n° 832.

A défaut de rapport de l'acquit à caution dûment déchargé, les soumissionnaires sont poursuivis pour le paiement du quadruple des droits sur le sel employé à la fabrication du sulfate manquant.

Arrêté minist.
du 17 juin 1822,
art. 19.

Le sulfate riche destiné au commerce, ne peut sortir de la fabrique qu'après la déclaration écrite du fabricant, et en vertu d'un permis des préposés à l'exercice, attestant qu'il contient 91 de sulfate sec et pur.

Ordon. royale
du 26 juillet
1826, art. 4.

Le sulfate qui ne sera pas immédiatement converti en soude devra être emmagasiné.

Après un séjour de plus de six mois en magasin, tout le sulfate doit acquitter les droits sur le sel qui a servi à sa confection.

## § VII.

### SOUDE.

La soude est le résultat de la fusion, dans un fourneau à réverbère, de quantités proportionnelles de sulfate de soude, de charbon et de craie.

Les quantités de soude fabriquées doivent être constatées chaque jour par les employés, qui les feront emmagasiner 24 heures après leur confection.

La soude ne peut être retirée du magasin et sortir de la fabrique, qu'en vertu d'une déclaration du fabricant et d'un permis délivré par les préposés aux exercices.

Avant de délivrer ce permis de sortie, les employés sont rigoureusement obligés d'assister régulièrement aux pesées qui sont faites de la quan-

LOIS, RÉGLE-
MENS, etc.
Ordon. royale
du 8 juin 1822,
article 3; arrêté
minist. de 1822,
art. 24; circul.
du 30 juillet
1822, n° 741.

lité de soude à expédier, et surtout
de s'assurer de la légalité de son titre,
(au moins 20 degrés) par le moyen de
l'alcalimètre, et en suivant l'instruction ministérielle du 17 juin 1822.

On ne saurait trop insister sur l'accomplissement de ces deux formalités
les plus essentielles et les plus impor-
tantes de celles prescrites pour la surveillance d'une fabrique de soude.

Ordon. royale
du 8 juin 1822,
article 5; arrêté
ministér. 1822;
art. 26.

Toute partie de soude qui est reconnue avoir moins de 20 degrés d'alcali, donne lieu au paiement du droit
sur le sel employé à sa fabrication.

En cas de contestation entre les
employés et les fabricans, sur le titre
de la soude éprouvée, il en est prélevé
des échantillons qui sont envoyés au
directeur général des douanes, et soumis à la vérification du comité con-
sultatif des arts et manufactures. En
attendant la décision, la soude suivra

Ordon. royale
du 8 juin 1822,
article 4; arrêté
ministériel du
17 juin 1822,
art. 25.

sa destination, sous la simple soumission cautionnée de payer le droit, s'il
était dû.

Dans les fabriques existantes avant
le 8 juin 1822, la soude destinée à
être convertie en sel de soude, est

transportée dans l'atelier où se fabrique cette dernière substance, sous les yeux des préposés, qui doivent exiger que les pains de soude soient brisés en leur présence.

Dans toutes les autres fabriques où le sel de soude ne peut être confectionné dans le même établissement que la soude, la mission des employés est accomplie dès que la soude est légalement sortie de l'atelier, et que son titre a été vérifié.

Aucun fabricant ne peut, sous peine de payer les droits sur le sel qui y aurait été employé, recevoir dans son établissement des soudes déjà fabriquées.

## § VIII.

### DÉCOMPTE.

À la fin de chaque mois, il doit être dressé par les employés, sur le registre n° 53, un relevé de toutes les matières fabriquées, où chaque espèce de produit est prise à compte dans les proportions suivantes :

LOIS, RÉGLE-
MENS, etc.
Arrêté minist.
de 1822, art. 17
et 36.
Ordon. du 26
juillet 1826, ar-
ticle 5.
Arrêté minist.
de 1822, art. 36.

SULFATE ORDINAIRE ( non destiné à être converti en

soude ) 93 k. de sel. p. % de sulfate,

SULFATE RICHE 100     id.    110 k. de sulfate riche,

SOUDE........ 67     id.    p. % de soude.

En résultat, ce décompte, signé par les employés et le fabricant, constatera soit l'économie qui aura été faite sur la proportion de sel accordée en exemption de droit, soit la quantité de sel sujette au droit, comme ayant été employée au-delà de cette proportion, ou n'étant point représentée dans la fabrication.

Même arrêté,
art. 36.

A la fin de chaque exercice, les préposés des douanes doivent procéder à un recensement général des magasins, et à un réglement définitif de compte.

Le recensement peut être également exigé par eux dans le courant de l'année, lors des décomptes de mois, s'ils le jugent nécessaire.

Même arrêté,
art. 34.

## § IX.

### DISPOSITIONS GÉNÉRALES.

L'administration des douanes est exclusivement chargée de surveiller les fabriques de soude situées dans toute l'étendue du royaume, sauf les exceptions qui seraient jugées nécessaires par S. Exc. le Ministre des finances.

Toute fabrique de soude doit être exercée par deux employés qui sont tenus d'habiter dans l'enceinte même de l'établissement.

De ces deux employés, l'un porte le titre de *contrôleur* et l'autre celui de *commis aux soudes*.

Pour s'assurer que, conformément à l'art. 5 de l'ordonnance royale du 8 juin 1822, il n'existe, dans les fabriques de soude, sauf les exceptions, aucun atelier destiné à l'emploi des soudes et à l'extraction d'autres produits chimiques ou de sel de soude, les préposés à l'exercice, ainsi que les chefs et employés supérieurs de leur administration, ont le droit de surveiller tous les genres de travaux réunis dans l'établissement, et de rechercher

LOIS, RÈGLE-MENS, etc.

Ordon. royale du 8 juin 1822, art. 7.

Même ordon. art. 8.

Circul. admi-nist. du 30 juil. 1822, n° 741.

LOIS, RÉGLE-
MENS, etc.

Arrêté minist.
du 17 juin 1822,
art. 37.

dans tous les ateliers, magasins et dépôts qui en dépendent, le sel qui pourrait avoir été détourné de la fabrication, ou les produits frauduleux.

La franchise du sel destiné à la fabrication de la soude sera, indépendamment des droits exigibles, retirée par une décision du Ministre des finances aux fabricans qui, par eux-mêmes ou par le fait de leurs ouvriers, voituriers, etc., seront convaincus d'avoir vendu ou détourné du sel en fraude, soit dans les fabriques, soit dans le transport des lieux d'extraction aux fabriques de soude.

Décret du 13
octobre 1809,
art. 10; ordonn.
royale du 8 juin
1822, art. 10.

En cas de graves inconvéniens pour la salubrité publique, la culture ou l'intérêt général, une fabrique de soude qui les causerait peut être supprimée en vertu d'un décret du conseil d'état, après avoir entendu la police locale, pris l'avis du préfet, et reçu la défense du fabricant.

Décret du 15
octobre 1810.

Six mois d'interruption dans les travaux d'une fabrique de soude, assujettissent sa mise en activité aux mêmes formalités exigées pour son premier établissement.

Même décret,
art. 13.

# CHAPITRE CINQUIÈME.

## Vérification des produits chimiques.

D'APRÈS ce que nous avons dit, dans la première partie, sur la fabrication des soudes, l'on conçoit combien il est facile d'en altérer la qualité soit en détruisant la proportion qui doit exister entre ses principes constitutifs, soit en y employant du sulfate de basse qualité et renfermant une plus ou moins grande quantité de sel marin non décomposé.

Ces sortes de fraudes s'effectuaient fréquemment, et avec une certaine sécurité, avant l'application des instrumens alcalimétriques, lorsque le consommateur était obligé de s'en rapporter à la vue, à la dégustation et à l'odorat, pour évaluer la qualité de la marchandise qu'il devait employer.

Ainsi la couleur était un indice pour connaître l'espèce et le lieu de production; la pesanteur désignait la quantité approximative de sel qu'une soude renfermait; par la dégustation on pouvait en apprécier la bonté. En effet, une saveur plus ou moins caustique, dénotait la présence de plus ou moins d'alcali ; tandis qu'une saveur amère plus ou moins prononcée, décélait, dans les mêmes proportions, l'existence du sel marin. Enfin on recourait souvent a l'odorat, ayant remarqué que les soudes d'une qualité supérieure avaient une odeur légèrement suave inhérente à leur nature ; que celles d'une qualité inférieure offraientgénéralement, au contraire, une odeur hépatique quelquefois très rebutante.

Mais quelque exactes que fussent ces diverses observations, et quelque exercés que pussent être les organes de celui qui examinait la matière, l'on sent combien ces moyens étaient défectueux, et propres à jeter le consommateur dans des erreurs très graves et très préjudiciables ; je n'ai pas besoin d'ajouter qu'à cet égard la surveillance des agens de l'administration était presque illusoire.

Aussi chercha-t-on à déterminer d'une manière précise la nature et la qualité des divers produits chimiques obtenus dans une fabrique de soude, et les procédés que je vais détailler sont d'une exactitude qui ne laisse rien à désirer.

## § I.

### VÉRIFICATION DE L'ACIDE SULFURIQUE.

( INSTRUCTION SUR L'APPLICATION DE L'ART. 13 DU RÉGLEMENT MINISTÉRIEL DU 17 JUIN 1822. )

L'acide sulfurique le plus concentré marque 66° (*); mais on emploie cet acide à différens degrés de concentration. Dans les fabriques de soude on se servira, pour déterminer le degré de l'acide employé par le fabricant, du pèse liqueur ou aréomètre de Beaumé; il suffira de plonger l'aréomètre dans l'acide dont on voudra connaître le degré, et de lire sur l'échelle le chiffre qui se trouvera au niveau de la liqueur. L'acide dont on veut prendre le degré, doit être, autant que possible, ramené à la température de 15 degrés centigrades, qu'on obtiendra facilement quand on le voudra, ou lorsque le

---

(*). A cet état l'acide sulfurique est blanc, liquide, d'une consistance oléagineuse et rougit fortement la teinture de tournesol; caustique très violent, il désorganise sur le champ les matières végétales et animales. A 10 et 12 degrés moins zéro, il se congèle. A une haute température, il bout et passe à la distillation ( car il contient encore une certaine quantité d'eau qu'on n'a pu lui enlever). A un degré de chaleur plus élevé, il se décompose et se transforme en acide sulfureux et en gaz oxygène.

fabricant de soude le demandera, en plongeant la bouteille contenant l'acide dans un seau d'eau de puits, une demi-heure avant d'en déterminer le degré.

La table suivante indique la quantité d'acide concentré ou marquant 66 degrés, qui se trouve contenu dans 100 kilog. d'acide sulfurique non concentré aux degrés où le fabricant de soude emploie le plus ordinairement cet acide.

100 k. d'acide à 60 degrés contiennent 82 k. 34 décag. d'acide à 66 degrés.

100... id... à 55...... id........74 k. 32......... id.

100... id... à 54....... id........72 k. 70......... id.

100... id... à 53....... id........71 k. 17......... id.

100... id... à 52...... id........69 k. 30......... id.

100... id... à 51...... id........68 k. 03......... id.

100... id... à 50...... id........66 k. 45......... id.

100... id... à 49....... id........64 k. 37......... id.

100... id... à 45...... id........58 k. 02......... id.

Comme il est quelquefois très utile de connaître les degrés des différens mélanges d'eau et d'acide sulfurique, je vais porter ici la table, dressée par MM. Vauquelin et d'Arcet, des quantités d'eau à ajouter à l'acide sulfurique à 66°, pour le faire passer à tous les degrés marqués par l'aréomètre de Beaumé.

| QUANTITÉ D'ACIDE à 66°. | QUANTITÉ D'EAU. | DEGRÉS DE L'ACIDE MÉLANGÉ. |
|---|---|---|
| 6 — 60 | 93 — 40 | 5 |
| 11 — 73 | 88 — 27 | 10 |
| 17 — 39 | 82 — 61 | 15 |
| 24 — 01 | 75 — 99 | 20 |
| 30 — 12 | 69 — 88 | 25 |
| 36 — 32 | 63 — 48 | 30 |
| 43 — 21 | 56 — 79 | 35 |
| 50 — 41 | 49 — 59 | 40 |
| 58 — 02 | 41 — 98 | 45 |
| 59 — 85 | 40 — 15 | 46 |
| 61 — 32 | 38 — 68 | 47 |
| 62 — 08 | 37 — 92 | 48 |
| 64 — 37 | 35 — 63 | 49 |
| 66 — 45 | 33 — 55 | 50 |
| 68 — 03 | 31 — 97 | 51 |
| 69 — 03 | 30 — 97 | 52 |
| 71 — 17 | 28 — 83 | 53 |
| 72 — 07 | 27 — 93 | 54 |
| 74 — 32 | 25 — 68 | 55 |
| 82 — 34 | 17 — 66 | 60 |
| 100 — » | » — » | 66. |

# § II.

## SULFATE DE SOUDE ORDINAIRE.

( INSTRUCTION FAISANT SUITE A L'ARRÊTÉ MINISTÉRIEL DU 14 JUIN 1822. )

Le fabricant de soude est obligé à deux conditions :

1° A représenter 100 kilog. de soude pour 67 kil. de sel marin de commerce qui lui est livré en franchise des droits ;

2° A ne fabriquer que des soudes marquant au moins 20 degrés alcalimétriques.

Pour confectionner de la soude à 20° d'alcali, le fabricant de soude peut ne mettre que 34 kilog. d'acide concentré à 66° par 100 kilog. de sel mélangé. On pourra surveiller cette décomposition au moyen de la table suivante.

Pour décomposer 100 kilog. de sel mélangé et le convertir en sulfate propre à la fabrication de la soude à 20°, il faut employer au moins :

$$34 \text{ kilog. d'acide à } 66 \text{ degrés.}$$
$$41 — 292\dots\dots\text{à } 60.$$
$$45 — 748\dots\dots\text{à } 55.$$
$$46 — 767\dots\dots\text{à } 54.$$
$$47 — 772\dots\dots\text{à } 53.$$
$$49 — 062\dots\dots\text{à } 52.$$
$$49 — 977\dots\dots\text{à } 51.$$
$$51 — 166\dots\dots\text{à } 50.$$
$$52 — 819\dots\dots\text{à } 49.$$
$$54 — 141\dots\dots\text{à } 48.$$
$$55 — 446\dots\dots\text{à } 47.$$
$$56 — 808\dots\dots\text{à } 46.$$
$$58 — 600\dots\dots\text{à } 45.$$

D'après ces indications, on peut établir la proportion suivante :

$$85 : 58 — 600 :: 100 : 68 — 941;$$

c'est-à-dire, que si 58 — 600 d'acide à 45° sont nécessaires pour la décomposition d'un quintal de sel altéré qui ne contient réellement que 85 kilog. de sel pur, il faut 68 — 941 du même acide pour obtenir la décomposition de 100 kilog. de sel mélangé.

Lorsque les employés aux exercices voudront s'assurer de la nature du sulfate de soude ordinaire, ils pourront le faire convertir en soude en leur présence, et n'auront plus qu'à vérifier le titre de cette soude qui devra être de 30°, si le sulfate est destiné au mélange du sel, et de 20° seulement s'il doit être employé à la fabrication de la soude.

## § III.

### SUTFATE DE SOUDE RICHE.

( INSTRUCTION FAISANT SUITE A L'ORDONNANCE ROYALE DU 26 JUILLET 1826, POUR LA FABRICATION ET LA VÉRIFICATION DU SULFATE DE SOUDE DESTINÉ A ÊTRE LIVRÉ AU COMMERCE DU ROYAUME, EN VERTU DE L'ART. 23 DE LA LOI DU 17 MAI 1826. )

Pour fabriquer le sulfate dont il s'agit, le fabricant ne pourra employer, par chaque 100 kilog. de sel marin déjà mélangé et altéré ainsi qu'il est prescrit par l'art. 2 de l'ordonnance royale du 8 juin 1822, des quantités et qualités d'acide sulfurique moindres que celles déterminées par la table suivante :

> 66 kilog. d'acide sulfurique concentré à 66 degrés.
> ou 82 k, 584 gram.......... id..........à 60...id.
> 91 k. 496    »    ........ id..........à 55...id.
> 93 k. 535    »    ........ id..........à 54...id.
> 95 k, 545    »    ........ id..........à 53..,id.

    98 k. 124 gram. d'acide sulfurique concentré à 52 degrés.
    99 k. 955.................. id................à 51...id.
    102 k. 332.................. id................à 50...id.
    105 k. 639.................. id................à 49...id.
    108 k. 283.................. id................à 48...id.
    110 k. 893.................. id................à 47...id.
    113 k. 617.................. id................à 46...id.
    117 k. 200.................. id................à 45...id.

Pour vérifier le titre du sulfate riche, on prendra çà et là, sur le tas du sulfate à essayer, divers échantillons dont le poids total devra s'élever à 500 grammes au moins; on les pilera ensemble dans un mortier pour en avoir une moyenne; l'on en fera dissoudre 25 grammes dans un litre d'eau, puis 100 autres grammes seront mis dans un flacon bien bouché et scellé, pour répéter et vérifier les essais au besoin, après quoi le reste pourra être jeté sur le tas.

D'autre part, on prendra du muriate de baryte qui aura été fondu préalablement dans un creuset de terre, et après en avoir fait une solution qui, pour chaque litre d'eau, contiendra 33 grammes de ce sel, on conservera cette dissolution dans un flacon particulier que l'on tiendra soigneusement bouché.

Pour faire l'essai, il faudra verser, dans une éprouvette ou un verre à pied, deux mesures égales (chaque mesure peut être de 5 centilitres) l'une de la solution de sulfate de soude, et l'au-

tre de la solution de muriate de baryte, et agiter le mélange avec un tube en verre pendant
une seconde ou deux.

Il se produira tout à coup un précipité blanc
qui ne tardera pas à se déposer, et la liqueur
deviendra sensiblement claire en 4 ou 5 minutes.

On décantera une partie de celle-ci avec une
pipette où un tube de verre creux et effilé, ou
bien on la filtrera. Si alors en mettant quelques
gouttes de solution de muriate de baryte dans
la liqueur décantée ou filtrée, il s'y forme un
nouveau précipité, le sulfate essayé sera au titre
convenable; mais dans le cas contraire il sera
au-dessous du titre, et ne devra pas être livré
au commerce.

## OBSERVATIONS.

L'instruction que je viens de transcrire, ne
détaillant que le mécanisme du procédé indiqué
pour la vérification du sulfate riche, je ne crois
pas inutile de donner quelques explications sur
le réactif employé dans cette analyse.

Le barium, corps simple métallique de la 2$^{me}$
section, est solide, d'un blanc d'argent, très fu-
sible, ductile, maléable et non volatil; il est
quatre fois plus pesant que l'eau qu'il décompose en absorbant l'oxygène et dégageant l'hydrogène. Il se combine avec l'oxygène en deux

proportions : la première, le protoxyde de barium, forme la baryte qui n'existe dans la nature qu'à l'état de sulfate ou de carbonate. La baryte est blanche, caustique très vénéneuse ; elle verdit fortement le sirop de violette, rougit la teinture de curcuma, se dissout dans l'eau et passe successivement dans l'air à l'état d'hydrate et de carbonate. C'est le réactif le plus précieux pour reconnaître dans une liqueur la plus petite quantité d'acide sulfurique avec lequel il forme un précipité blanc ( sulfate de baryte ); c'est cette propriété qui l'a fait adopter pour l'analyse dont il s'agit, et dans laquelle on l'emploie à l'état de muriate de baryte, qui n'est autre chose qu'une solution aqueuse de chlorure de baryte. La présence de l'acide hydrochlorique est ici nécessaire pour s'emparer du protoxyde de sodium ( soude ), laissé isolé par la combinaison de l'acide sulfurique du sulfate soumis à l'épreuve avec la baryte, d'où résultent les précipités qui constatent la légalité de la marchandise.

## § IV.

### ÉPREUVE DE LA SOUDE.

La soude est le résultat de la décomposition et de la combinaison de quantités proportionnelles de sulfate de soude, de charbon et de craie.

Voici le procédé de vérification indiqué par l'instruction ministérielle du 17 juin 1822 :

« On prend un bon échantillon moyen de la soude qu'on veut essayer; on pulvérise cet échantillon; on en broie 12 à 15 grammes dans un mortier (de fonte ou de cuivre) jusqu'à pulvérisation complète, ou réduction en poudre très fine; on pèse 10 grammes de cette poudre, et on les met dans une bouteille dans laquelle on aura mis d'avance deux décilitres d'eau mesurés bien justes; on bouche la bouteille avec un bon bouchon, et l'on agite de suite avec force cette bouteille pour bien délayer la soude, et l'empêcher de se déposer au fond de l'eau. On continue à agiter la bouteille pendant une heure, on la pose alors sur une table, et on laisse le tout en repos jusqu'à ce que la liqueur soit bien éclaircie.

« On en prend ensuite un décilitre juste; on verse cette liqueur dans un verre à boire, dont on enduit les bords, comme ceux de l'orifice de l'alcalimètre, avec de la cire, de l'huile ou quelque autre corps gras; on y fait bien égoutter la mesure d'étain, le décilitre; d'un autre côté, on emplit le tube de l'alcalimètre jusqu'à zéro avec de la liqueur d'épreuve; on verse peu à peu de cette liqueur dans la solution de soude qui est dans le verre, et on continue ce versement (que l'on suspend de temps en temps pour agiter la liqueur avec un tube en verre, ou à défaut avec un brin de bois ) jusqu'à ce qu'une goutte de cette liqueur, mise sur du papier coloré en bleu par le tournesol, y laisse une tache rouge permanente.

« Arrivé à ce point, on place le tube alcali-métrique debout, et on examine combien on a employé de liqueur d'épreuve pour saturer le décilitre de solution de soude. Le nombre de divisions de liqueur d'épreuve employée est indiqué par le chiffre qui se trouve au niveau de la liqueur, et ce chiffre exprime le degré de la soude essayée. Si on a employé, par exemple, 36 divisions de la liqueur d'épreuve pour saturer le décilitre de solution de soude, la soude essayée se trouve alors litrée à 36 degrés alcalimétri-ques. »

Chaque degré désigne un centième; ainsi une soude de cette qualité contiendrait 36 parties d'alcali pour % de matière.

## OBSERVATIONS.

Le procédé décrit par l'instruction ministé-rielle est trop simple et trop sûr, pour que je croie nécessaire de rappeler les divers moyens successivement indiqués par Descroizilles pour l'épreuve des soudes naturelles et factices; cha-

cun pouvant d'ailleurs consulter la notice pu-
bliée en 1824 par ce professeur, je me bornerai
à faire quelques observations sur l'analyse qui
nous occupe.

Il est généralement en usage, et même nécessaire pour plus d'exactitude, de passer la soude
pulvérisée dans un tamis en soie avant de la
verser dans la bouteille où doit s'en opérer la
solution. Quand celle-ci est suffisamment déterminée, on peut se borner, au lieu de la laisser
reposer, à la filtrer avec du papier propre à cet
usage ; ce procédé abrège l'opération, et donne
une liqueur plus claire et plus pure.

En versant ensuite l'acide à épreuve, il faut
effectivement avoir soin de ne le faire que lentement, et même goutte à goutte ou par un petit
filet continu, pour éviter le dégagement de l'a-
cide sulfureux, et croire par là avant le temps
l'opération terminée ; car l'odeur de l'acide sulfureux peut se manifester avant le terme de la
saturation de la soude : il suffit pour cela de
verser un peu trop rapidement l'acide sulfurique
dans la solution de la soude : à l'endroit où il
tombe il produit une sursaturation, et l'odeur de
l'acide sulfureux devient très sensible par la
décomposition des sulfites.

Quant à l'effervescence que l'on remarque
pendant la saturation de la liqueur soumise à

l'épreuve, par l'acide sulfurique, elle est due au dégagement de l'acide carbonique chassé par le premier. La cessation de cette effervescence indique le terme de l'opération.

La plupart des soudes, essayées à diverses époques plus ou moins éloignées de celle de leur fabrication, et dans des momens où l'air est plus ou moins humide, donnent des résultats alcalimétriques très variables; mais c'est surtout dans les soudes sulfureuses que ces variations sont remarquées; car plus une soude est hydrosulfurée, plus elle perd de degrés en vieillisant. Cette perte de degrés n'est pas due seulement à la décompositon de l'hydrosulfure ; mais à ce que le résidu indissoluble devient plus difficile à dépouiller de son alcali.

La liqueur d'épreuve employée dans la vérification du titre des soudes, est un composé de 100 grammes d'acide sulfurique à 66 degrés, et de 900 grammes d'eau de fontaine ou de rivière limpide. Chacun peut se la procurer soi-même, en mêlant 9 hectog. d'eau pure avec un hectog. d'acide qu'on aura distillé, et renfermant le mélange dans un flacon bien bouché, que l'on devra de préférence choisir de verre blanc et à goulot un peu large, afin de le nettoyer facilement. Cet acide ainsi étendu doit, pour être de bonne qualité, marquer 9 à 10 degrés à l'aréomètre de Beaumé, d'après la table portée à la page 123.

La préparation du papier de tournesol n'offre pas plus de difficultés ; il suffit de couper quelques feuilles de beau papier à lettre, de les tremper successivement dans un verre rempli de teinture de tournesol ; et de les faire sécher à l'air libre.

La teinture de tournesol se fait soit par infusion, soit en faisant bouillir un instant, dans 5 à 6 onces d'eau, environ 12 grammes de tournesol en pain pulvérisé ; on la filtre et on la conserve pour l'usage.

Le tournesol paraît n'être que la combinaison d'une couleur rouge végétale avec un alcali ou oxyde métallique. En conséquence, dans l'analyse de la soude, il faut concevoir qu'en versant l'acide sulfurique sur du papier imbibé de dissolution de tournesol, cet acide se combine avec l'alcali, et met la couleur rouge en liberté. Il n'agit néanmoins pas sur le papier à tournesol tant qu'il trouve dans la dissolution de la soude quelques portions alcalines avec lesquelles il forme du sulfate, et qui neutralisent son action. L'on conçoit par là comment les degrés du tube alcalimétrique indiquent les parties d'alcali renfermées dans la matière soumise à l'épreuve.

Enfin, l'alcalimètre, inventé et perfectionné

par Descroizilles, est un tube de verre de 20 à 25 centimètres (ou 8 à 9 pouces) de longueur, et de 14 à 16 millimètres (ou 7 à 8 lignes) de diamètre; il est fermé par le bout inférieur, où il est supporté par le piédestal, tandis que le bout supérieur, entièrement ouvert, est muni d'un rebord saillant.

Le tube alcalimétrique doit pouvoir contenir au moins 70 et au plus 80 millilitres d'eau. L'échelle, les chiffres et l'inscription sont gravés sur le verre au moyen de ce qu'on appelle une *plume de diamant.*

Les balances et les poids n'ont pas besoin d'être décrits; je ferai seulement observer qu'on doit, autant qu'il est possible, préférer les balances qui sont sur des supports fixes à celles qui sont suspendues librement, quoiqu'on en fasse de très bonnes de cette espèce.

Quant aux poids, il suffit que leur somme représente un kilogramme divisé de la manière suivante :

1 poids de 500 grammes.
1....id....200...id.
2....id....100...id.
1....id.... 50...id.
1....id.... 20...id.
2....id.... 10...id.
1....id.... 5...id.
2....id.... 1...id.
1....id.... 1...id.

## § V.

### DÉDUCTION DES SULFURES DE SOUDE.

« LE sulfure de la soude étant décomposé par l'acide sulfurique, sature une portion de cet acide, et fait évaluer trop haut le titre de la soude, parce que le sulfure n'est utile dans aucun art, et que souvent même il est nuisible. » ( GAY-LUSSAC, WELTER. )

« .... Le sulfure ne joue aucun rôle dans la saponification de l'huile, et ne peut y être d'aucune utilité. » ( LAURENS, Marseille 1808. )

« ... Si les sulfures sont utiles dans la fabrication du savon pour donner le bleu qu'on n'obtient pas aujourd'hui sans l'emploi de la couperose verte ( proto-sulfate de fer ), l'excès de sulfure dans les soudes est nuisible. » ( POUTET, Marseille 1818. )

D'après ces autorités et contre l'opinion de plusieurs pharmaciens et fabricans, il est donc plus nuisible qu'avantageux de comprendre les sulfures dans l'évaluation du titre des soudes, et je crois à propos de mentionner ici un procédé indiqué par M. Poutet, pharmacien à Marseille, pour la déduction des sulfures contenus dans les soudes artificielles :

« Prenez deux fioles à médecine dans chacune

desquelles vous introduirez séparément un décagramme de soude pulvérisée et passée au tamis; versez dans chacune de ces fioles deux décilitres d'eau pure ; bouchez-les hermétiquement,
puis agitez-les pendant une heure ; après ce temps
réunissez les lessives des deux fioles et filtrez-les
immédiatement. Cette quantité de lessive représentera 4 mesures, moins les portions de fluide
dont les parties terreuses de la soude restent
imbibées.

« Prenez ensuite une de ces mesures de lessive;
saturez-la par la liqueur d'épreuve au terme où
la teinture et le papier fin de tournesol passeront
au rouge grenade fixe ; supposons que la liqueur
alcalimétrique s'arrête au 35$^{me}$ échelon, cette
soude marquera 35°, y compris les sulfures à
déduire par l'opération suivante :

« Prenez deux mesures de la même lessive
représentant ensemble un décagramme de soude
brute ; faites-les évaporer jusqu'à siccité dans
une capsule, ou à défaut, dans un creuset de
platine ; mélangez au sel de soude résultant de
l'opération huit décigrammes de chlorate de
potasse ; le mélange sera exposé sur un feu vif
jusqu'à ce que le sel ait passé au rouge obscur.
Enlevez le creuset du feu, et laissez-le refroidir,
versez-y ensuite deux mesures ( deux demi-déci-
litres ) d'eau distillée : accélérez la solution de

l'alcali à l'aide d'un pilon de métal ; filtrez la lessive, et prenez une mesure ( un demi-décilitre ) que vous versez dans un verre ordinaire pour la traiter par la liqueur d'épreuve de Descroizilles.

« Saturée par l'acide sulfurique, cette solution saline très limpide, essayée au papier fin de tournesol ne donnera, nous supposons, que 32° ½ d'alcali pur. D'où il suit que la soude soumise à l'essai, contenait 2° ½ de sulfure, puisque l'analyse précédente, celle qui n'avait pas été désulfurée, avait marqué 35° de l'alcalimètre. »

L'épreuve du sel de soude étant la même que celle employée pour vérifier le titre des soudes brutes, l'on peut se servir du procédé ci-dessus pour déduire les sulfites des sous-carbonates de soude.

# CHAPITRE SIXIÈME.

## Tenue des Écritures.

—

## § I.

**REGISTRE N° 53 ET ÉTAT N° 55.** *(BIS.)*

En exécution de l'article 7 du décret du 13 octobre 1809 ; des articles 14, 15, 29, 30 et 31 de l'arrêté ministériel du 17 juin 1822, et de l'article 2 de l'ordonnance royale du 26 juillet 1826, il est tenu dans chaque fabrique de soude un registre de compte-ouvert, coté serie S, n° 53, sur lequel les employés des douanes doivent, après chaque opération, incrire en un article distinct et signé par eux :

1° Toutes les quantités de sel reçues en magasin et mélangées avec le sulfate ;

2° Toutes celles successivement délivrées pour la fabrication ;

3° Les quantités de sulfate de soude ordinaire destinées au mélange du sel, et celles qui ne seraient pas immédiatement converties en soude ;

4° Les quantités de sulfate ordinaire sorties du magasin soit pour les besoins de la fabrica-

tion, soit pour le mélange du sel, ou pour l'é-
tranger;

5° Les quantités de sulfate riche successivement fabriquées, et expédiées pour la consommation du royaume;

6° Toutes les soudes également fabriquées et
vendues.

Ce registre est arrêté chaque mois; la balance
des produits en est faite; et le décompte, soumis à la signature des fabricans, est établi conformément aux articles 33, 34, 35 et 36 du réglement ministériel du 17 juin 1822.

Voici un modèle de balance et du décompte,
tel qu'il est prescrit par la circulaire administrative du 7 septembre 1822, n° 749.

## BALANCE DE FIN DE MOIS.

*Novembre.*
18

|  | SEL. | SULFATE ORDIN. | SULFATE RICHE. | SOUDE. |
|---|---|---|---|---|
|  | k. | k. | k. | k. |
| Il y avait en magasin au 31 octobre.................... | 300 | 180 | » | 2300 |
| Il y est successivement entré en novembre............... | 4710 | 2500 | 200 | 4100 |
| TOTAUX........ | 5010 | 2680 | 200 | 6400 |
| Il est successivement sorti du magasin................. | 4750 | 2680 | » | 6000 |
| Reste en magasin au 30 novembre................. | 260 | » | 200 | 400 |

## DÉCOMPTE.

**SOUDE.**

|  | k. | SEL. |
|---|---|---|

La prise en charge, non compris le restant en magasin au 1er octobre, est de.................... **6100**

A déduire *(art. 36 du réglement)* pour déficit sur la quantité se trouvant en magasin.................... **»**

RESTE....... **6100**

Qui, à raison de 67 kil. de sel p. °/₀ de soude, représentent.. **4087**

**SULFATE ORDINAIRE.**

La prise en charge, non compris le restant en magasin au 1er octobre, est de.................... **6500**

A ajouter le sulfate représenté dans l'atelier à soude... **300**

TOTAL........ **6800**

A déduire pour déficit de la quantité qui devait se trouver en magasin.................... **400**

RESTE........ **6400**

Qui, à raison de 93 kil. de sel p. °/₀ de sulfate, donnent..... **5952**

**SEL EN NATURE.**

Il reste en magasin.................... **260**

A diminuer 1 p. °/₀ pour le mélange......... **3** } **257**

TOTAL du sel représenté en soude, sulfate et sel en nature..... **10296**

Mais il faut en retrancher le sel représenté :

1° Par... kil. de sulfate extrait du magasin de dépôt pour la fabrication de la soude.................... **»**

2° Par... kil. de sulfate pris en décharge dans le dernier décompte comme existant en atelier............. **»** } **»**

TOTAL réel des représentations de sel............. **10296**

Il y avait à justifier de l'emploi ou la présence :

1° Du sel remis successivement au fabricant......... **9980**

2° De celui trouvé lors du récensement dans le magasin de dépôt.................... **260**

TOTAL........ **10240**

Il convient de diminuer de cette quantité 1 p. °/₀ comme ci-dessus.................... **102**

RESTE à justifier...... **10138** | **10138**

Ainsi il y a économie sur la proportion de sel de............. **158**

*Arrêté le décompte ci-dessus, en présence de M*** ( le fabricant ) qui le signera avec nous. A le 18*

*( Signature.)*

## ÉCONOMIES

SUR LA PROPORTION DE 67 KIL. DE SEL PAR QUINTAL DE SOUDE.

Rien n'est plus variable que les économies faites sur la proportion de sel accordée pour la confection d'un quintal de soude : les différences considérables que l'on remarque ordinairement d'une fabrique à l'autre, et quelquefois aussi dans le même établissement, ont souvent attiré l'attention de l'administration des douanes, qui, à diverses époques, en a recherché les causes.

Mais ces causes elles-mêmes sont très difficiles à déterminer.

Les uns attribuent une économie de sel sur la fabrication à la qualité et à la quantité de sous-carbonate de chaux (craie ou pierres calcaires pulvérisées) employées par les fabricans, et dont l'effet serait d'augmenter la pesanteur spécifique de la soude.

D'autres pensent que le plus ou moins de cuisson de la matière en augmente ou diminue le poids, et qu'avec un dosage déterminé on représentera cependant à volonté plus ou moins de marchandise confectionnée.

Quelques personnes expliquent la variété des économies par la qualité du sel mis en usage, parce qu'elles ont souvent remarqué qu'une quantité donnée de sel nouveau et humide, produit beaucoup moins de sulfate qu'une même quantité de sel sec et vieux.

Enfin, et cette opinion est la plus générale, on pense que le plus ou moins d'économies faites sur la proportion de 67 kilogrammes de sel, accordée par le Gouvernement pour la confection d'un quintal de soude, doivent être principalement attribuées à la quantité d'acide sulfurique que l'on emploie pour la fabrication du sulfate de soude.

De nombreuses observations ont, en effet, fait reconnaître que la quantité de sel employée dans une soude factice est en raison inverse de la proportion d'acide sulfurique, et que l'économie du sel sur la fabrication est en raison directe de la richesse de la soude; en un mot, que plus une soude est riche, moins il a fallu de sel marin pour en former le sulfate.

### ÉTAT N° 53 *(bis.)*

La rédaction de cet état est extrêmement simple: elle consiste uniquement à porter, sur le *recto* de l'état, la copie de la balance établie à la fin de chaque mois sur le registre, et à former sur le *verso* un décompte dont le résultat, soit qu'il présente des économies, soit qu'il offre un déficit, doit toujours être le même que celui de ce même registre n° 53.

## § II.

### REGISTRE SÉRIE S, N° 54.

Le registre n° 54 est à volant et à souche ; il est destiné aux déclarations faites par les fabricans pour la sortie de toute espèce de produits, et aux permis d'enlèvement de ces mêmes produits.

La tenue de ce registre qui, à chaque expédition, doit être signé sur la souche par le fabricant et les préposés des douanes, ne demande que de l'ordre et de la netteté. Il serait à désirer que le libellé de la déclaration et du permis portât l'indication du degré des soudes ou sulfates de soude riches, ainsi que le nom des capitaines ou voituriers chargés du transport de la marchandise. Le premier de ces renseignemens surtout est si nécessaire, que quelques directeurs, entr'autres celui de Marseille, en prescrivent l'insertion en marge de l'expédition.

## § III.

### REGISTRE SÉRIE S, N° 23 ET ÉTAT SÉRIE E, N° 53.

En exécution de l'article 8 de l'arrêté de Son Excellence le Ministre des finances, en date du

17 juin 1822, les sels destinés pour les fabriques de soude situées hors des lieux de production du sel, sont accompagnés d'un acquit à caution que les employés aux soudes doivent revêtir d'un certificat de décharge. L'ordre et la régularité des opérations ont nécessité un registre classé par la nomenclature dans la série S, n° 23. Les commis aux soudes inscrivent sur ce registre toutes les expéditions qui arrivent successivement en fabrique, ainsi que le résultat qu'ils sont tenus de faire, aux termes de l'article 5 du décret du 13 octobre 1809, et de l'article 11 du réglement ministériel précité; à la fin de chaque mois, ils arrêtent le registre et en dressent une copie sur un état coté série E, n° 53.

## § VI.

### CERTIFICATS POUR LES SELS.

Par interprétation de l'article 6 de l'arrêté ministériel du 17 juin 1822, il a été créé, dans la direction des douanes de Marseille, des certificats de situation des fabriques, qu'il serait à désirer qu'on adoptât généralement à l'administration. Ces certificats, imprimés à Marseille, sont ainsi conçus :

FABRIQUE
DE SOUDE FACTICE
établie

A

**ADMINISTRATION DES DOUANES.**

---

*Situation de la fabrique de soude établie à . . . . . . . .*

*au . . . . . du mois d . . . . . . 18*

---

    Sulfate en magasin................    kil.

    Sels mélangés en magasin...........    kil.

*Le présent, délivré par les commis aux soudes, soussignés, pour servir à l'obtention au bureau de.......de.......( les quantités en toutes lettres ) quintaux de sel, d'après la déclaration de MM.... fabricans, et pour le mélange duquel sel il est tenu en réserve.. ...........kilog. de sulfate, à raison de 15 kilog. de cette matière pour 85 kilog. de sel, suivant les articles 2 des ordonnances royales des 8 juin et 18 octobre 1822.*     ( Suivent les signatures. )

Ces certificats sont remis aux fabricans sur chacune de leurs demandes, et dans la proportion des besoins de leur établissement, pour trois mois au plus (article 6 précité), et au moment où ils les délivrent, les employés aux soudes les inscrivent sur un registre particulier dont l'existence sert de contrôle à celui des acquits à caution n° 23.

---

# CHAPITRE SEPTIÈME.

## Moyens de fraude.

———

L'on a vu au chapitre V, par les moyens même de vérification donnés aux employés des douanes, combien il était facile non-seulement de tromper le consommateur, mais encore d'éluder entièrement l'intention du législateur, soit en détournant directement le sel de sa destination, soit en altérant considérablement la nature des produits pour lesquels il doit être employé.

Parmi les procédés mis en usage, je me bornerai cependant à signaler ceux qui sont les plus répandus et dont les conséquences sont les plus graves; le plus grand nombre appartenant spécialement aux localités, ne peuvent souffrir de démonstrations générales

L'abus dont la répression est la plus nécessaire consiste à ne pas employer la proportion d'acide sulfurique reconnue indispensable à la complète dénaturation de l'hydrochlorate de soude. Laissant ainsi une quantité plus ou moins considérable de sel marin dans le sulfate destiné à la soude, on diminue, dans le même rapport, la richesse de ce dernier produit, et l'on élude essentiellement cette disposition de la loi qui veut surtout que le sel marin ne puisse plus être isolé et ramené à l'état mangeable.

C'est le résultat de cette fraude qui forme ce qu'on appelle dans le commerce les *soudes salées,* dont la vente présente des avantages d'autant plus grands qu'elles contiennent plus de sel marin.

Les savonniers principalement les achètent avec avidité pour remplacer le sel sur lequel ils payeraient les droits, et dont ils ont besoin indépendamment de la soude pour relarguer la pâte, c'est-à-dire, pour purger le savon de l'eau qui lui est surabondante.

Les soudes salées peuvent être divisées en deux classes :

1° Celles qui ont peu ou même point de dégré alcalimétrique;

2° Celles qui ayant le titre de 20° exigé par la loi, renferment cependant encore 25 à 40 p. % de sel marin non dénaturé.

Des employés intelligens et incorruptibles découvrent et préviennent bientôt le premier genre de fraude. En effet, outre le procédé infaillible de l'alcalimètre de Descroizilles, ils peuvent, pendant la fabrication, reconnaître une soude salée aux petillemens et aux détonations que le sel produit, dans les fourneaux, d'une manière bien plus prononcée que quand il a déjà été dénaturé par l'acide sulfurique (*).

Le second procédé des soudes salées usité uniquement, avec avantage du moins, dans les établissemens voisins des lieux de production du sel, est plus difficile à reconnaître et surtout à réprimer, en ce qu'il n'y a pas contravention manifeste aux réglemens.

Cependant un moyen efficace d'arrêter cet abus est de tenir un compte exact du sel livré pour la fabrication; de suivre les pesées de chaque expédition de soude, et de s'assurer au premier décompte de mois de la représentation réelle du sel par les fabrications; car un des résultats de ce genre de fraude est d'employer plus de 67 kilog. de sel par quintal de soude.

---

(*) Une propriété particulière à l'hydrochlorate de soude, c'est le petillement qu'il fait entendre en perdant son eau d'interposition; c'est ce qu'on appelle *décrépitation*. Ce phénomène provient de ce que l'eau, convertie en vapeur par l'action du calorique, brise les lames des cristaux de sel, et s'échappe en lançant avec bruit leurs molécules soulevées.

Telle est aussi la cause par laquelle le résidu que l'on retire du décrassage des cheminées des fours à sulfate, contient ordinairement 10 p. % de son poids en sel marin qui, projeté pendant la décrépitation, est entraîné dans la cheminée par la colonne d'air venue du foyer. Les employés des douanes doivent veiller à ce que ces résidus n'aient pas un emploi étranger à la fabrication de la soude.

Il existe, il est vrai, pour les fabricans un moyen de déguiser leur ruse, et ce moyen est basé sur cet axiome en fabrication, *que les économies de sel sont en raison directe de la richesse de la soude.*

Partant de ce principe, ils confectionnent dans le même mois d'abord une quantité de soude à 36° capable de donner, je suppose, 10,000 kil. d'économie, et font ensuite de la soude à bas titre jusqu'à la concurrence de ce boni de fabrication. Lors du décompte, aucune observation n'est possible aux employés qui trouvent équilibre entre le sel délivré et les matières représentées.

Voici enfin un troisième moyen de fraude :

Dans presque tous les établissemens où l'on fabrique l'acide sulfurique, les ouvriers font entrer le sulfate de potasse, résultant de la combustion du soufre et du salpêtre, dans le mélange destiné à composer la soude où il remplace le sulfate de soude.

Cette substitution a pour résultat, dans les fabriques du 3^me ordre, de présenter de plus grandes économies sur le sel, si l'on n'en profite pas pour détourner une quantité équivalente de ce même sel, abus qui est surtout à craindre dans les fabriques du 1^er et du 2^me ordre.

Cette fraude, si l'on ne prend pas des mesures

de police locale, est d'autant plus difficile à prévenir que la solution de la soude présente moins
de différence alcaline avec celle de la potasse.
Ce n'est donc qu'à l'état de sel que l'on pourrait
distinguer ces alcalis, dont voici les seuls caractères extérieurs qui constituent entre eux une
dissemblance :

1° Le sous-carbonate de soude est efflorescent;
le sous-carbonate de potasse est déliquescent.

2° La forme d'un cristal de sel de soude est
un octaèdre à base à losange. Les cristaux de la
potasse sont des prismes tétraèdres terminés par
une pyramide très courte à quatre faces.

La cristallisation du sous-carbonate de potasse
présente les plus grandes difficultés et est même
impossible, selon M Thénard.

3° Le sous-carbonate de soude, traité par
l'acide hydrochlorique, produit de l'hydrochlorate de soude ou sel marin : ce sel est bien dif-
férent de celui obtenu de la saturation du sous-
carbonate de potasse, hydrochlorate de potasse.

4° Enfin, combiné avec les huiles, le carbonate de soude forme des savons durs, et celui
de potasse des savons mous.

# CHAPITRE HUITIÈME.

## Résumé.

—

### § I.

#### FABRICATION.

La nécessité a donné naissance en France à la découverte des soudes factices dont l'usage remplaça bientôt partout l'emploi des soudes naturelles.

Le développement de ce genre d'industrie, puissamment aidé par les progrès de la chimie, a été constamment favorisé par le Gouvernement qui, entre autres immunités, a, dès le principe, affranchi de tous droits le sel nécessaire à la fabrication du sulfate de soude, soumettant en même temps à certaines formalités la jouissance de cet important privilége. Ainsi, nulle fabrique de soude factice ne peut s'établir qu'en vertu d'une ordonnance royale, et sous les conditions suivantes :

Demande au Préfet du département, affichée dans toutes les communes environnantes, à cinq kilomètres de rayon ;

Procès verbal de *commodo* et *incommodo* ;

Décision du conseil d'état ;

L'autorisation d'établissement accordée, il faut, pour l'entrée en exercice, une pétition au directeur général des douanes, sauf les exceptions réservées à l'administration des contributions indirectes par Son Excellence le Ministre des finances ;

Soumission d'une indemnité annuelle de 1500 f.; engagement de remplir toutes les obligations prescrites par les réglemens.

Ces formalités, vis-à-vis l'administration des douanes, doivent être renouvelées toutes les années avant le mois de décembre.

Six mois d'interruption dans les travaux d'une fabrique de soude assujettissent sa nouvelle mise en activité à tous les préalables exigés pour son premier établissement.

Enfin, une fabrique de soude peut être supprimée, et son privilége retiré, soit pour cause de graves inconvéniens pour la salubrité publique, la culture ou l'intérêt général ; soit pour cause d'abus et de fraudes de la part des fabricans, ou des conducteurs et ouvriers qu'ils employent, et dont ils sont responsables.

Le procédé de la fabrication de la soude factice, perfectionnée par de nombreuses expériences, est entièrement dû à Leblanc qui, le premier, en fit l'application dans son établissement de Saint-Denis.

La théorie de ce procédé est triple ; elle consiste d'abord à retirer du sel marin ( hydro-chlorate ou chlorure de soude) l'oxyde de sodium qui en fait la base; ensuite, à combiner cet alcali avec de l'acide carbonique, pour former le sous - carbonate de soude, connu autrefois sous le nom d'*alcali fixe minéral*, et enfin à isoler ce sous-carbonate par un fort lessivage. Il y a donc, dans cette fabrication, trois opérations :

1° La fabrication du sulfate de soude.

C'est le produit de la décomposition, dans un fourneau à réverbère, de quantités à peu près égales de sel marin et d'acide sulfurique à 50°. Il est reconnu que 110 kilog. d'acide sulfurique p. % kilog. de sel fournissent 120 kilog. de sulfate d'une belle qualité.

2° La fabrication de la soude.

Ce composé est le résultat de la décomposition et de la combinaison, dans un four à réverbère, de quantités proportionnelles de sulfate de soude, de poussier de charbon de terre ou de bois, et d'un sous-carbonate calcaire pulvérisé.

Ces matières éprouvant dans le four un déchet d'environ 42 à 43 p. %, il faut, pour obtenir un quintal de soude de 33° et au-dessus, former un dosage de la manière suivante :

Sulfate de soude............ 66 kilog.
Craie..................... 66
Charbon .................. 40
——————
TOTAL du mélange........ 172 kilog.

3° Réduction de la soude en sel de soude.

On extrait le sous-carbonate de soude en lessivant à froid la soude pulvérisée, faisant évaporer ces lessives, et les calcinant jusqu'à siccité à une chaleur modérée. Plus une soude est riche, plutôt l'opération est terminée et plus l'on obtient de produits. Cent parties de soude à 36° rendent ordinairement 33 parties de sel de soude.

Enfin, une fabrique de soude doit embrasser la préparation de l'acide sulfurique qui s'obtient en faisant brûler du soufre et du salpêtre dans la proportion de 10 p. %, et les mettant en contact dans une chambre de plomb par l'intermède de l'eau.

La théorie de la fabrication de l'acide sulfurique, due à MM. Clément et Desormes, repose sur l'action réciproque des gaz azote et deutoxyde d'azote, de l'oxygène, de l'acide sulfureux et de l'eau.

Un quintal de soufre produit, dans une opération de 12 heures, 4 quintaux $\frac{1}{2}$ d'acide à 50 degrés, si la chambre est exactement fermée, et à 33 ou 35 seulement, si elle est à courant d'air. Une chambre de plomb consume de 110 à 115 livres de soufre par chaque dix mille pieds cubes de capacité.

Une fabrique de soude formée dans les plus simples proportions, c'est-à-dire, pouvant fournir 100 quintaux de soude par 24 heures, doit, si elle renferme les quatre genres de fabrication que nous venons de parcourir, être composée de la manière suivante :

1° Une chambre de plomb de 70,000 pieds cubes;

2° Un atelier renfermant un réservoir pour le sel, quatre fours jumeaux et leurs foyers.

3° Six magasins proportionnés à l'étendue des travaux et un hangar pour garantir le charbon et la craie de l'intempérie des saisons.

4° Un logement pour les propriétaires, les ouvriers et les employés des douanes ;

5° Un atelier de sel de soude renfermant deux magasins, un four et son foyer, cinq bugadières et leurs réservoirs.

Le service d'un pareil établissement exige l'emploi de 22 ouvriers au moins et leur contre-maître; n'y sont pas compris un serrurier, un charpentier et un maçon, dont la présence est presque constamment nécessaire.

Il est indispensable que les ustensiles et machines soient toujours en bon état et en nombre suffisant; et l'approvisionnement des matières premières, telles que le salpêtre, le soufre, l'eau, le sel, le charbon et les pierres calcaires, doit, autant que possible, être fait pour un ou deux mois à l'avance.

## § II.

### SURVEILLANCE.

Sauf quelques exceptions de localité confiées, par Son Excellence le Ministre des finances, à l'administration des contributions indirectes, les employés des douanes sont exclusivement chargés de la surveillance et de l'exercice de toutes les fabriques de soude du royaume.

Cette surveillance repose sur deux points essentiels auxquels se rattachent toutes les mesures préventives et répressives successivement prises par l'administration.

Ces obligations spéciales, rigoureusement imposées aux fabricans de soude, sont :

1° Que tout le sel livré en franchise de droits soit exactement employé pour la fabrication ;

2⁰ Que chaque espèce de produits fabriqués ait les qualités déterminées par les réglemens.

L'accomplissement du premier point repose entièrement sur la vigilance et la probité des employés aux exercices, et il leur a été donné par l'administration des moyens faciles et certains de s'assurer de l'exécution du second.

Ainsi, le degré de l'acide sulfurique se vérifie au moyen du pèse-acide ou aréomètre de Beaumé; il suffit, pour connaître le titre exact de l'acide, de le rapprocher, autant que possible, de la température de 15 degrés centigrades.

Le sulfate ordinaire se vérifie par sa conversion en soude, que l'on éprouve ensuite par le procédé ordinaire.

L'évaluation du sulfate riche se fait au moyen du muriate de baryte : la théorie de cette épreuve repose sur la propriété que la baryte possède de se combiner avec la plus faible partie d'acide sulfurique, avec lequel elle forme un sulfate insoluble qui se précipite.

La vérification du titre des soudes et sels de soude se fait avec du papier coloré de teinture de tournesol, la liqueur d'épreuve et l'alcalimètre de Descroizilles.

Cette liqueur d'épreuve n'est autre chose que de l'acide sulfurique concentré étendu de neuf fois son poids d'eau pure. Durant l'opération l'acide sulfurique, par sa propriété généralement connue, chasse l'acide carbonique de la matière soumise à l'essai, et forme un sulfate de soude avec toutes les portions d'alcali contenues dans cette matière.

Dès que la saturation a lieu, c'est-à-dire, dès qu'il ne reste plus d'acide carbonique dans la dissolution, une goutte de cette liqueur, versée sur le papier à tournesol, doit y laisser une tache rouge permanente, due à l'excès d'acide sulfurique qui décompose le tournesol en s'emparant de l'oxyde renfermé dans cette couleur.

*FIN.*

# TABLE DES MATIÈRES.

## II^me PARTIE. — SURVEILLANCE.



## ERRATA.

Page 98, première ligne, au lieu de *la puiser*, lisez *la verser*.
Planche 2, fig. 5, au lieu de *zingards*, lisez *ringards*.

9 782329 789774